Pecunia non olet

Pecunia non olet

# 沒有數字腦也能解析數據

「三井住友海上」經驗證的實戰指南
現役數位戰略科學家的獲利秘訣！

目次

## 3 沒那麼難？成功的作法與成功的理由



## 4 讓「分析」的技術，活用於「現場」的辦法

## 第2章 實踐5D框架

## 3 Data（資料）——誰做的資料？放在哪裡？同樣的資料，為什麼會出現差異？



## 4 Develop（開發）

# 前言　不需要成為「資料科學家」也沒關係

三十歲、文組科系，非ＩＴ背景出身、業務。這是十年前我（木田）身上所貼的標籤。當時的我是一名「統計軟體」的業務。我本身並不是統計學的專家，只是湊巧負責的商品是「統計軟體」。在「大數據」一詞尚未普及的時代，我在因緣際會下對「資料分析」產生興趣，於是開始自學統計方法及資料分析。現在的我是一名資料科學家，任職於損害保險公司——三井住友海上火災保險株式會社。

雖說我是恰巧踏入「資料分析」的世界，然而以十年前的環境與技術，根本無法想像「資料的重要性」會成為一個重要觀念。

## 不論是誰，都有機會成為「資料分析」的專家

如今的社會被各式各樣的數據、資料所圍繞，整個環境面臨了巨大的變化，不僅「ＡＩ」「機器學習」「深度學習」這幾個關鍵字充斥於日常的商業對話，眾多書籍及雜誌更是將資料分析視為「改變商業的魔法」。

我也聽聞許多商務人士開始學習程式設計（傑出資料分析的必備能力），或是重新學習數學（資料分析的基礎）。擁有卓越ＡＩ技能的理組背景者更是求職市場上的大熱門，掌握資料分析能力的人才在轉職時能談到更高的薪酬。就業市場遭遇到空前的理科人才荒，甚至連知名大企業也難以搶到掌握並能善用高端技術的「超級菁英」。

即使處於這種情況，經營高層依然不會輕言放棄。「把資料科學家給我找來！」或是「給我組個資料分析小組！」或許現在手握本書的各位，也是被下達這種指令的其中一人。

## 「資料分析」的關鍵與技術無關？

或許有一天，閱讀本書的讀者們，會突然成為率領資料分析團隊的負責人，或是成為資料分析團隊的一員，在這個時代，這並非不可能的事。

當事情發生時，我想以自身經驗鼓勵大家，即便並非相關領域或事業出身，也請千萬不要放棄。倘若各位讀者曾在商場打滾，這些累積的經驗在資料分析領域將成為一大助力。本書正是以「有一天我突然成為資料分析團隊的率領者，或是成為資料分析團隊的一員」為主旨所撰寫的養成指南。

一般而言，ＡＩ或是資料分析被認定為「理科背景者」的範疇。而實際上對數學有一定程度把握的人，確實在資料分析領域會有較傑出的表現。然而「資料分析」的重點是「應用在商業實務上」，但「擅於分析」和「將分析結果運用在商業上」這兩件事並不一定能夠同時成立。在日復一日的工作中，身為文組背景資料科學家的我，深深領悟到：「作為一名資料分析家，商業能力絕對是必須的」。

接下來介紹一項非常有趣的調查。這項調查是由一般社團法人資料科學家協會（地點：東京都港區，代表理事：草野隆史，以下簡稱資料科學家協會）在二〇二〇年四月公布的《國內企業資料科學家僱用現況調查》。

**●調查結果摘要**

1 僱用資料科學家的企業佔二九%。

2 計畫僱用資料科學家的企業中，有五八%的企業未達成目標僱用人數。

3 計畫增加僱用資料科學家的企業中，有四一%的企業需要擅於解決商業課題的人才。

4 在未來想招聘的資料科學家類型方面，有四〇%的企業需要行銷人才、三六%需要工程師人才、二四%需要分析師人才。

根據第3點和第4點的調查結果，我們可以發現，相較於資料科學家，其實企業更需要的是具備商業能力的人才。而這份能力就是「透過資料分析所推演出的觀點（全新的見解和發現），提高企業營業額和利益的力量」。若想達成上述目標，「邏輯思維」「解決問題的能力」「行銷戰略」「經營戰略」，以及「溝通能力」和「提案能力」是更加不可或缺的技能。

站在公司人資部門立場，應該會抱怨「光是僱用理科人才就已經很困難，還想找到同時具備資料分析和商業能力的人才根本是不可能」。的確，兼具資料分析及商業能力的人才真的是鳳毛麟角。

值得關注的是，近幾年越是積極採用資料分析人才的企業，越容易發生人才錯置的問題。「雖然聘雇了資料科學家，但卻不知道如何運用而傷透腦筋」，或是「僱用的資料科學家沒多久就辭職了」，這類情況時有耳聞。簡言之，即便找來了會程式設計、擅長統計學，或是數學專家的人才，也並非就此一帆風順。

## 「能將資料運用於獲利上的資料分析人才」才是正解

「理組背景是首要僱用條件」的時代已經結束了。現在企業需要的是：適合自家公司商業目標的「資料分析人才」，最佳人選正是公司的在職員工。若以這個角度看，文組或理組出身差異不大，只要擁有業務或行銷的相關經驗，曾經思考過顧客對於自家產品或服務的需求，就已站上起跑線。除此之外，只需要掌握若干資料分析能力，就能對應大多數企業的內部需求。

話雖如此，抱持著「資料分析應該也不是那麼容易學會吧」的想法也是無可厚非。然而，資料分析工具進步速度飛快，以往資料分析必備技能之一的程式設計能力，現在也能透過使用GUI圖形使用者介面（Graphical User Interface）達成。「資料分析民主化」的推進勢不可擋。現在正是跨越文組及理組限制，任何人都能成為資料分析人才的時代。坦白說，企業所需要的並不是「資料分析能力超群的資料科學家」，我們沒有必要成為資料科學家，只要成為「能將資料運用於商業上的資料分析人才」即可。目前正以勢如破竹的氣勢，搶攻市佔的日本話題平價時尚品牌WORKMAN正是最好的例子。該企業全力投入培育資料分析人才，讓具備商業頭腦、業務出身的資料分析師在職場上大放異彩。

## 打破技術困境的方法

若是某天各位讀者突然成為資料分析團隊的領導者，或是成為資料分析團隊的一員，我相信大家肯定會非常困惑該從何處開始著手。進到書店，我們能看見滿坑滿谷「Python入門」「資料分析入門」這類專為初學者打造的資料分析教學書，但卻找不到任何關於製作實際商務資料分析組織的方法，或是介紹面臨困境時解決方案的書籍，也幾乎看不到任何闡述資料分析師應具備何種商務能力的書。然而，若要運用於商業上，我們就必須知道這些訣竅。

本書並未針對詳細的資料分析技術進行介紹，所以即便閱讀本書也無法立刻成為一名資料分析師。本書的重點在於「當各位被任命為資料分析負責人，或是率領資料分析團隊時該如何思考」的方法。具體而言，則是精進資料分析技能時應具備的「思考法的框架」，以及我運用該框架所導出的「資料人才培育理論」。上述重點是身為作者的我們（木田、伊藤、高階、山田）根據自身經歷和失敗經驗所孕育出的產物。

我以成為一名資料科學家為目標，並自學資料分析技能，至今管理了無數資料分析團隊。當時的我面臨許多不同的困境，一路不停的摸索推敲再各個擊破。如今回想起來，其中也經歷過許多失敗。相信各位讀者在未來也會遇見困難，但只要閱讀本書，就會知道往後將有哪些障礙等在前方，也能知道突破難關的方法。

## 「5D框架」是什麼？

我們四位作者至今在許多不同的企業負責資料分析專案，其中有失敗也有成功的經驗。我們從這些經驗中彙整出「不會失敗」的方法論，並建立出一套名為「5D框架」

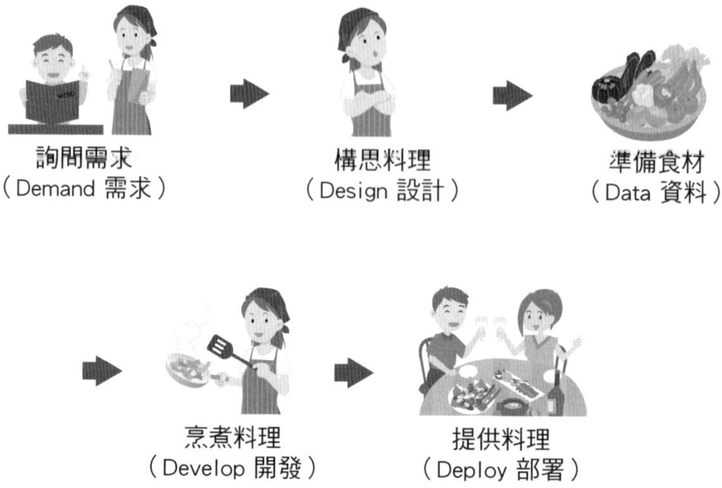


圖表0-1　資料分析的五個步驟

的體系。

接下來想先介紹幾個例子，讓各位讀者能稍微體會到5D框架的概念。至於詳細內容則將會於本書的第2章進行介紹。「料理」時常被用來比喻資料分析，從圖0-1可以發現，資訊分析流程和料理十分雷同，即是烹煮「資料」這份食材，向顧客提供餐點（資料），並請對方享用。

料理並不單純只是烹飪食材，將餐點送上餐桌即可。若餐點不能讓對方感受到喜悅，就無法被稱為「美味的料理」。除了要在食材選擇及調理方法下足工夫外，最重要的是充分了解對方想要什麼。若想提供完美的料理，必備的要素和步驟是不可或缺的。若是在任一步驟敷衍了事，或是弄錯步驟順序，就會變成「難吃的料理」。

資料分析也是如此。為了避免製作出「無法吸收的資料」，必須按部就班完成，共有五個既定的步驟。這每個步驟的名稱都是英文字母「D」開頭，因此稱為「5D框架」

1 Demand（需求）
2 Design（設計）
3 Data（資料）
4 Develop（開發）
5 Deploy（部署）

接著依序介紹五個步驟的內容。

## 1 Demand（需求）：詢問需求

料理是為了讓人享用而製作。既然要讓對方品嚐，理所當然要詢問對方想要吃什麼樣的料理，或是確認對方當下的心情（狀況）。有些人會明確指定一種料理，也有人會講出曖昧不明的需求。即使對方回答「吃什麼都可以喔」，事實上並不是什麼都可以，必須確認對方可以接受的料理類型。

資料分析和製作料理相同，工作的起點是從詢問對方的需求開始，先找出對方所面臨的「問題」，或是成為路障的「課題」。同時也必須在這個時間點事先確認我們所提供的幫助是否確實適當無疑。

## 2 Design（設計）：描繪整體輪廓

以料理為例，當聽完對方的需求後，接著會開始思索「要製作什麼樣的料理呢？」首先，所有食材並非都唾手可得，也會有時間上的限制。再者，自己也不是每道料理都能信手捻來。因此，我們必須估算「依照現在的狀況，能在時間內做出哪些料理」，同時也需要思考什麼時候將餐點端上桌，該安排對方在哪裡享用等等。而上述的內容，都必須在取得對方的同意後，才能開始製作。

資料分析也一樣，必須思考「能在有限的時間內，使用取得的資料分析出什麼樣的結果」以及「運用這份分析結果，可以解決什麼樣的課題」。將這問題考量完畢後，就可描繪出整體的輪廓。將輪廓圖展示給對方確認，獲得對方的同意後，便能開始著手進行分析作業。

## 3 Data（資料）：蒐集資料

當然，製作料理時不可或缺的就是食材。除了食材本身之外，也必須留意它的分量以及品質。只需要一項食材的料理極為稀少，大部分料理都是運用許多不同的食材組合製作而成。食材的品質是製作美味料理的必要關鍵之一，烹調方法也是至關重要。同時還需要注意保鮮，光是保持食材的鮮度就得耗費心力及金錢成本。

資料分析也是如此。蒐集有用的資料並不簡單，讓資料隨時保持在最新狀態更是需要耗費成本。資料和食材一樣，都不是免費的東西。

## 4 Develop（開發）：分析資料

料理是門深奧的學問，依照食材不同會有最適合該食材的調理方法（食譜），也會有相對應的技術和器具（工具）。只要順序、作法或是器具的使用方法有所閃失，就有可能糟蹋了得來不易的食材。「燒烤」或是「燉煮」等烹調方法，還需要耗費時間進行事前準備。

著手資料分析前，需要將資料加工，做好事前準備，再選擇適合資料和目的的解析手法進行分析。若事前準備做得不夠充分，或是方法錯誤，將無法得到預期的結果。為此，資料分析師的知識和經驗顯得格外重要。此外，也有許多工具能從旁輔助。善用工具不僅能縮短分析時間，分析出的結果也大部分比人工作業準確。

## 5 Deploy（部署）：展示資料

料理完成後，接著要端上餐桌請對方享用。除了需要依照事先決定的時間點和分量提供外，還得將當下的氣氛、氛圍等一併納入考量。這時或許情況已經和一開始的狀況有所不同。既然料理都製作完成了，當然會希望對方全部吃光，滿足顧客的味蕾。以餐廳為例，必然會希望將顧客變為常客，還希望他能將餐廳介紹給其他人，吸引更多顧客來店光臨。

資料分析也是一樣。報告完分析結果後，必須讓對方理解結果內容，並使其採取必要的行動。有時候也會以「儀表板」或「預測系統」的方式，讓分析結果一目瞭然。若無法讓對方展開行動就無法解決「課題」。唯有在對方完整「消化」我們所提供的分析結果，並展開「行動」，資料分析專案才算大功告成。

5D框架的五個階段環環相扣，若欠缺其中任一項都有可能導致分析專案以失敗收場。反之，只要依照順序確實執行，不論文組背景或理組背景，任何人都能以極高的成功率正確執行分析專案。

## 閱讀本書的方法

第1章將以故事的形式，分享作者們的成功和失敗經驗，也會提及未來各位讀者將會遇見的關卡。閱讀完本章節，即可提升經驗值；第2章會詳細說明何謂5D框架；而第3章則會總結組織導入5D框架的方式。

基本上本書的閱讀方式是從第1章開始依序閱讀，但也推薦各位讀者讀完整本後再重新閱讀第1章。也就是先了解5D框架後，再重讀第1章的失敗經驗，在閱讀的過程中可以針對「哪些地方容易碰到困境？」「該怎麼做才能避免遇到瓶頸？」找出屬於自己的解方。

想要盡早掌握5D框架概略的讀者，可以從第2章開始，最後再閱讀第1章。而身分為資料分析團隊領導者的讀者們，若是想知道「培育分析團隊的方法」，則建議從第3章開始，接著再閱讀第1章和第2章。我相信透過上述的閱讀順序，可以對培育方法有更深入的了解。

本書讀者群不限理科或文科背景，無論你是一心一意踏入資料科學家行列，或是臨危受命，非不得已的踏入資料科學家行列，都很適合閱讀這本書。在這混亂的世界中，倘若本書能成為各位站在職涯分叉路口上，替各位點亮「資料分析」這條道路的明燈，便是我至高的榮耀。

作者代表 木田

二〇二〇年十月

第 1 章

# 提升經驗值
# 一失敗案例，和成功作法一

資料分析的應用知識——零售業也能成功進行資料分析

| Demand（需求） | Design（設計） | Data（資料） | Develop（開發） | Deploy（部署） |
| --- | --- | --- | --- | --- |
| 讓現場了解目標與動機 | 掌握讓現場理解的方法 | 檢討蒐集資料的方法 | 讓與會者輕鬆理解概念 | 與現場共享結論，並落實改善對策 |

1

# 企業碰到什麼問題？

本單元將以具體案例說明許多企業進行資料分析專案時所面臨的困境。在介紹作者們實際經歷過的「血淋淋失敗經驗」前，首先為各位整理出目前日本大部分企業遇到的狀況。

參考資料為「一般社團法人日本經濟團體聯合會」（簡稱：經團連）所公開的AI-Ready指標[1]，他們將企業的AI-Ready階段分成五個階段。

資料顯示許多企業停留在第一階段（最下層的階段），從這些企業所面臨的問題中，我們整理出幾項常有耳聞的課題，並列舉如下。

## 根本沒有活用資料的文化

光是為了達成每天的業務目標就已經疲於奔命，光是應對顧客就已經精疲力竭，所以無法培養「活用資料、制立新對策、新做法」的文化。對於活用資料的理解就只有用Excel集結資料的程度。

## 經營高層和資深員工無法理解「資料分析」

這類人士只在外部研討會聽過或是在書本上看過「資料分析」這個詞，完全不了解資料分析的本質，也輕忽資料分析的基本精神，一味追求看似能夠成為話題、引人注目的作法。只想著瓜分預算，導致無法貫徹資料分析的精神。

1 https：//www.keidanren.or.jp/policy/2019/013_gaiyo.pdf

## 上司匆促指派專案

公司高層在新聞媒體上看到相關情報、受到其他經營者言論影響，或是從合作業者的提案書中感受到對現狀的危機意識，因而下達執行ＤＸ（Digital transformation，數位轉型）等新策略相關的分析或開發指示。這一類高層人士滿腔熱血的舉出世界級企業數位轉型的案例，但從頭到尾只是漫無章法的橫衝直撞。有些企業的上層甚至在缺乏先行評估的情況下，直接選定「合作企業」。

## 毫無作用的報告

因為高層提出「我希望能預測未來」「請你證明資料分析能達成什麼樣的效果」或是「幫我找出問題點」等要求，所以開始蒐集資料並執行資料分析，將資料彙整後做成PowerPoint報告結果。雖然高層聽完報告後總是會說「內容很有參考價值」，但卻從沒有發生過任何改變。

## 只會說「我覺得⋯」，無法透過資料做出判斷

新商品開發團隊委託進行資料分析，但是分析後的結果顯示對開發團隊不利，然而商品開發已經大規模展開行動，若終止開發計畫會影響到公司內部評價，所以無法接受負面情報。

## 只看數字

為了將目標數值化而訂定關鍵績效指標（Key Performance Indicators，KPI）固然重要，但卻一昧追求數字。以顧客滿意度調查為例，將問卷題目刻意設計成能誘導顧客選擇滿意度高的內容，或是只找願意回答高滿意度的顧客填寫。

## 缺乏具備「商業知識」的「科學家」

負責人都是擅於資料統計、分類以及預測的資料分析專家，但同時具備豐富商業知

識的人卻少之又少。

## 部門不同、看法不同

每個部門對於「資料分析」的想法皆不相同。有些部門認為「分析能力和從中導出的資料模組才具備競爭力」，同時也有部門認為「簡單的資料統計」就是答案。當後者的部門面臨需要高度分析能力的情況時，至今所認為的「正確」想法將崩壞瓦解，甚至可能反彈無法接受。

## 「以前這樣就賺錢了！」

一個從未進行過資料分析的組織，要學習分析能力已經非常困難，要讓相信「分析能締造成功」的組織開始新的事物更是難上加難。這類型的組織對於捨棄過去的關鍵績效指標和分析模組，導入新事物有強烈的抗拒意識。

## 2 是哪裡出問題？預期內的失敗與失敗的原因

前面章節已經介紹過一般企業所面臨的課題。而本章將順著5D框架，依序深入介紹我們的失敗經驗。剛開始閱讀本章時，不需要特別思考目前介紹的是5D框架中的哪個步驟。等到讀完第2章，再重新閱讀本章時，就會對這些失敗經驗很有感覺，能夠察覺「哪一個步驟出了問題」以及「該怎麼做才能避開困難點」，同時也表示各位已經具備一定程度的資料分析能力。推薦讀者們讀完第2章後，再回頭閱讀一次本章。

## Demand（需求）的失敗經歷：期待馬上就賺錢的法則？

前面章節已經介紹過一般企業所面臨的問題。本章將順著5D框架的順序，深入介紹我們的失敗經驗。剛開始閱讀時，不需要特別思考目前介紹的是5D框架中的哪個步驟。但在讀過第2章，再重新回頭閱讀資料分析委託時，會發現委託者通常都正面臨著幾個「問題」（當然，若是目前一帆風順，就不需要我們的協助）。資料分析的第一步是了解委託者的「問題」，確認周圍的狀況後，找出成為障礙物的「課題」。接著開始思索透過資料分析能解決什麼樣的問題。然而，有時候在尋找「問題」和「課題」的階段並不順利。其中最多的案例是：委託者「根本不知道哪裡出了問題」「不知道該怎麼處理才好」。

這是某企業的董事委託資料分析時所發生的事：這個行業的業績有緩慢下降的趨勢，受到數位化和少子化的影響，整個產業可能將被時代淘汰，所以對於將來營業額是否會急劇下降而感到不安。業主抱持著「若是再不做些什麼會很危險」「必須透過ＡＩ分析自家公司的資料，導入新對策才行」的想法，而開始著手推動資料分析專案。

然而，詢問對方具體來說是「哪個領域出問題，狀況大概有多糟糕」或是「未來希望如何應對」時，卻得不到明確的答案。對方儘管能夠推算出最低限度的營業額及業績，但卻幾乎不曾去了解更深入的詳細資料。

委託專案的董事說：「我們公司有大量的顧客資料、訂單資料、業務活動以及商品配送的作業實際成效資料等『大數據』。我會提供所有需要的資料，請你分析後找出問題，並提供我一些建議，告訴我應該怎麼做。」

從顧客的ＩＴ負責人手上取得資料後，作業即開始進行。雖然有一份像是資料規格書的文件可供對照，但有許多項目和資料仍然讓人一頭霧水，必須和ＩＴ負責人一一確認。經過一至兩星期後，我們總算能描繪出資料整體的輪廓。抓出整體輪廓後，發現能使用的資料比預期還少；再加上商品和商店的主數據並不完善，必須重新設定，因此在開始分析前就耗費了極大的心力統計資料，最終再透過儀表板將資料視覺化，才讓公司現狀一目瞭然。

我將資料分析後導出的課題統整成文件說明給客戶聽。然而，在我話音還未完全落下前，對方就立刻反駁道：「這麼理所當然的事情，現場的人員當然也感受得出來」「〇〇領域會遇到這個問題，是因為這個領域很特殊」。接著又說「比起這些事情，我更想知道另外一部分的狀況」。但在這之前，他並未提過究竟需要哪一部分的分析結果，「既然如此，當初直接告訴我不就好了嗎？」我把到嘴邊的話吞了回去，告訴客戶之後會再作報告。

因為手邊的資料不夠充足，我便請ＩＴ負責人協助提供，同時蒐集外部資料進行分析，再將上次顧客提到「想要知道的部分」做成報告書提出。結果對方這一次卻回答：「這和我想要的東西不同」「運用ＡＩ技術的話，不是會有人類想破頭也無法發現，讓人大吃一驚的法則之類的東西嗎？」最後客戶只留下一句「公司內部政策調整」，分析專案也因此不了了之。

上述故事所呈現出的問題是，沒有明確找出客戶「希望解決的問題」。**對於分析專案來說，沒有找出待解問題，失敗收場無庸置疑。**

在從未進行過資料分析的企業當中，有許多企業主及決策人員都將「執行資料分析當作終點」。或許是因為不曾做過資料分析的補償心理，這些企業的經營高層有容易將「建立資料分析專案」或是「僱用資料科學家組成團隊」當作目標的傾向。他們認為能向公司內外炫耀「我用資料分析做了這些事哦！」才是重點。正因為如此，他們不會著重於「解決課題」，而是會提出「請幫我做〇〇案件的分析」「請做出競爭公司沒有做過的劃時代分析」「請分析有哪些題材適合作為宣傳活動的主題」等要求。

當然，這些分析無法解決根本的問題，不過是在累積執行資料分析的次數罷了。與其進行純數字文件的統計分析，企業主更傾向選擇「影像解析」和「自然語言處理」這類花俏的主題。經過一兩年後，會開始聽見「實際上也沒有幫公司增加多少營業額」的質疑聲，所以無法像以往一樣拿到預算，獲得自由發揮的空間。在整個過程中，雖然資料分析團隊致力於解決被交付的「課題」，但若無法從建立專案的根本目的開始思考，終將導致失敗。

## Design（設計）的失敗經歷：花太多錢了

這是我任職於販售顧客導向商品企業，擔任資料分析部門負責人時所發生的故事。當時的經營高層提議建立「廣告效果分析」專案，這是公司不曾做過的資料分析。經營高層下達的目標是「將公司的營業額、顧客以及廣告狀況彙整在一起」「尤其是廣告這塊，必須確實掌握廣告對顧客的觸及程度，和所能發揮的效果」以及「能夠自動化找出適合的節目，搞出合適的廣告」。

雖然當時我們已統計了營業額、利潤資料，還分析了顧客、訂單資料，並對DM廣告的投放進行改善，但若要達成高層的要求，執行起來遠比以往困難許多。因為這項任務涉及所有商品以及全部的銷售頻道，除了需要召集公司內各部門的人員外，還要針對廣告效果進行分析，還必須委託外部的資料分析專業公司協助分析及報告。

儘管經營高層確實提出了所需的資料方向，以及資料運用的理想狀態，但在「如何做出分析模組」和「如何套用系統」這兩點的要求不夠明確，於是我們陷入了無限巡環的會議輪迴。原本是以Excel的形式報告各式各樣的營業額及利潤資料，但因為上層要求「要將所有資料彙整在一起」，所以ＩＴ部門將所有資料都改成「儀表板」呈現，試圖讓資料簡單明瞭。

負責廣告資料分析的外部專業公司向我們表示：「總之我們需要所有頻道和所有商品的相關資料」，所以負責的各部門每週都得將顧客資料、銷售資料、廣告實際成效資料以及網頁的進站狀況等相關資料統整成檔案後寄給對方。但是，提供資料的我們卻幾乎不了解對方如何解析我們提供的資料，也不知道這些資料最終能得到什麼樣的結果。

專案開始啟動的幾個月後，雖然廣告資料分析公司提出了幾項廣告效果預測模組，並根據模組製作出圖表，但卻不是經營高層想要的東西。於是報告需要再次調整，一次又一次的請對方重新執行。隨著時間流逝，經營高層們的想法也產生了微妙變化，開始提出和以往完全不同的要求。為了滿足他們的新要求，各部門的負責人又得重新開始蒐集新資料，再將資料寄給資料分析專業公司。

ＩＴ部門也面臨相同狀況。經營高層不斷「指責」儀表板的不足，但若要達成每項要求，一個畫面會被塞滿許多不同的元件。於是ＩＴ部門投入大量時間，埋頭於修正儀表板，導致其他的系統改善計畫一度停擺。

外部的資料分析專業公司從零開始製作效果預測模組，大約耗時將近一年的時間，耗費的成本也比預期高出許多。經營高層越來越不滿意，員工們卻從來不曾看過預測模組。最終以這個案子「廣告戰略本身必須重新審視」為由終止，最後幾乎沒有留下任何成果。

回顧這個案子，我認為當初的想法以及對理想狀態的看法都是正確的，失敗的主因在於沒有訂定執行預算，以及未能確認是否能運用現有工具完成目標等因素，總之就是沒有針對整體輪廓建立好預設框架。

## Data（資料）的失敗經歷：大數據根本沒用

這是我在某間企業擔任資料分析負責人時發生的故事。當時負責公司內部顧客關係管理[2]、顧客資料管理、DM廣告的投遞以及電話行銷的部門委託我們進行資料分析。分析的內容是「藉由資料分析有效提升DM廣告的投遞率，並促使業績成長」。當時商

2 顧客關係管理（Customer Relationship Management，CRM）是一種企業與現有客戶及潛在客戶之間關係互動的管理系統。通過對客戶資料的累積和分析，顧客關係管理可以促進企業與客戶之間的關係，從而最大化企業銷售收入和留住客戶。

品已經定案，ＤＭ廣告的內容和設計也已經完成，他們希望我們在ＤＭ廣告的預定投放日前做出投放名單。委託者說：「我們公司有一千萬人以上的顧客資料，一年內有數百萬件的訂單資料。希望你能靈活運用這份『大數據』，做出能讓商品暢銷的名單。」

然而，當我針對資料的詳細內容發問，對方卻無法清楚回答我的問題。仔細詢問後發現，委託者本身並沒有接觸過顧客資料或訂單資料，他說「需要資料的時候，屬下會請ＩＴ部門將資料彙整成Excel檔案給我」。簡單來說，委託者根本不清楚資料存放在哪裡，更不知道是以什麼樣的形式保管儲存。

於是，我直接找ＩＴ部門商量，得知資料全部都儲存在公司內部的資料庫內。所有的顧客和訂單資料加總起來，資料量非常龐大，根本無法以Excel的形式將資料彙整而出。因此我們向ＩＴ部門取得資料庫的使用權限，透過分析工具和結構化查詢語言（Structured Query Language，SQL）後，才好不容易看見資料庫的內容。

實際看過顧客資料後，發現資料筆數確實有一千萬件左右，但其中有許多筆資料的屬性標示欄位是空的。雖然「顧客編號」「地址」和「電話號碼」大部分有填上，但許多資料沒有電子郵件地址、性別和出生年月日等，甚至還有很多連個人基本資料都不清楚的資料。

詢問後才知道，從公司網站下訂時，若是將電子郵件地址設定為必填，許多使用者就會離開訂購頁面，放棄購物。因此網站上沒有硬性規定顧客填寫，甚至直接不設置電子郵件地址的輸入欄位。儘管透過顧客服務中心訂購所留下的訂單資料較網路訂購的情報完整，但也稱不上齊全。顧客服務中心的操作介面上除了顧客的基本資料外，還有地址、職業以及興趣等欄位，甚至連寵物姓名的欄位都有，但實際上大部分的欄位顧客都並未填寫。雖說上面有註記顧客印象的相關評論，但每個負責人的註記方法和內容多寡都不同，還有許多資料只有介面操作人員才會知道的記號和簡稱，所以這些資料也派不上用場。

十幾年的訂單資料不論在保存或是統計上都相當困難。但若將訂單資料和訂購該商品的顧客資料歸類後，會發現其實一個顧客每個月大約只訂購一兩次。此外，在其他時間追加購買配件商品的資料也被重複累計了訂購次數，所以實際上在顧客的人數中，只購買過一次的顧客佔了大半數。

顧客若是在一次購物的過程中購買了多種類型的商品，我們就能在分析資料的過程中，推測出該顧客是個什麼樣的人，也能將和他有相同傾向的顧客分門別類。但若是顧客每次都只購買一項商品，就無法透過訂單資料將其分類。更令人頭痛的是，這些只購買過一兩次的訂單中，有一半以上的消費時間都超過三年以上。

這就是委託者口中的「大數據」的真實面貌。雖然有一千萬件以上的顧客資料，但資料齊全的充其量不過是百分之一而已。然而，儘管是這種資料，放進統計分析工具進行分析，一樣能得出預測數值。

根據預測值投遞ＤＭ廣告所呈現出的結果是，訂購率（反應率）比隨機（未進行分析）發送的比例高。但是，反覆執行這個方法後，同樣的顧客會不停收到相同的商品介紹廣告，訂購率也漸漸隨之下降。過程中產生「請資料分析團隊列出名單也沒什麼效果」的判定結果，最後便不再委託我們進行相同的分析工作。

## Develop（開發）的失敗經歷：無法說明分析結果而導致混亂

過去任職於零售業的資料分析團隊時，我曾經參與過商品開發專案。至今執行的商品開發案，大部分都是由合作企業提案，至於需求調查、競爭對手分析和訴求重點設定等，大多也是交由合作企業負責。接著根據自家公司的資料進行商品開發、訂定行銷戰略，因此才會有資料分析團隊的誕生。

我們會在事前對大量消費者進行問卷調查，藉此決定新商品的機能和訴求重點。此外，也邀請消費者針對既有商品回答相同問卷，透過新舊商品的比較，計算出新商品具備的潛在能力數值。公司內部通常也存有過去的商品相關資料，例如過去進行過幾次廣告投放、總共接觸到多少消費者，或是銷售量達到多少後能取得多少營業額等等。

我們認為只要運用數百種商品情報和問卷調查結果製作預測模組，就能針對發售前或構思階段的新商品估算出大約的銷售數量。實際的營業額和利潤會因為投放的廣告金額或DM廣告等宣傳狀況受到影響，所以可以透過接觸廣告後的購買者比例等「反應率」，預測出各個商品的商品價值。

雖然問卷調查結果顯示回收過程很順利，但其他資料的蒐集和加工作業耗費了不少時間，最重要的預測模組的開發進度也稍有延遲。因此，我們使用資料分析工具搭載的「自動數值預測機能」，讓工具協助開發預測模組。這是只要讓分析工具讀取預先準備好的資料，並指定「想要預測的項目」，幾分鐘後就能得出預測結果的機能。該工具也能透過選擇不同的預測結果輸出形式（數值、A／B／C分類等），針對資料進行適合的加工和變換，移除不需要的資料內容。設定方法簡單不複雜，幾分鐘內就能拿到需要的結果報告。

因為以往從未藉由統計模組針對銷售數量進行定量預測，所以專案成員看到報告後，反應都很熱烈。我們依照發展性將數十種不同類別的候選新商品排序，移除發展性低的商品，將資源集中在最有希望的商品上。

雖然到目前為止狀況都非常順利，但接下來卻出現新的問題。被判定發展性低的商品負責人跑來追問「為什麼我的商品會出現這種數值？」「我要怎麼做才能提高發展性數值？」但因為是交由工具預測數值，所以就算被問「為什麼？」的時候，我也無法提供明確的解答。系統使用各式各樣的演算法製作出各種不同的預測模組，再以所有預測值的平均數得出最後的預測數值。

然而，仔細確認每個預測模組後，雖然能得知哪項變數（因素）會對業績造成強烈影響，但變數的重要度卻會因模組（演算法）的差異產生不同的結果。為了提高預測的精準度和降低說明的難度，我們將設定做了些許調整。結果導致預測模組出現變化，商品排序也有了變動，導致必須再次向大家重新說明原因。

拿到延遲的資料後，我們快速進行資料加工，將資料加入分析並重新製作預測模組，但預測結果卻出現大幅改變。上次被預測為「具發展性」的商品，這次卻出現「不具發展性」的結果，甚至還有相反的結果出現。

這個變動讓商品負責人相當困惑。當被問到「為什麼這次會出現和上次不一樣的數值結果？」我們也無法清楚回答。就算說明了執行過程和工具構造，對商品負責人來說卻是艱澀難懂。而這些商品負責人又必須向經營高層說明原因，真是傷透了腦筋。

在一陣兵荒馬亂中，這項專案將移交給商品負責人執行，同時要將分析模組交接給對方。雖然交接負責人很努力的想要理解分析模組，但光是理解就讓他筋疲力盡，改善模組更是困難重重。因為重視速度所以選擇了輕鬆的分析方法，反而導致負責人陷入混亂。他們不但要重新修正分析設定，同時也為了如何向負責人說明，弄得心力交瘁。

## Deploy（部署）的失敗經歷：沒用又讓人疲憊的大數據

這是我任職於向超市、DIY居家修繕量販店和專門店等販售商品的企業時所發生的故事。那時的我是公司資料分析團隊的成員，在收到經營高層和業務部門領導人的分析委託後，就此展開專案。

銷售數量和營業額的資料顯示上升趨勢，但更詳細深入的資料多數是由業務負責人持有，然而對方卻連「營業現場狀況如何？」「哪一個區域賣得最好？」或是「為什麼最近業績減少？」等基本問題都無法回答。因此，他們提出「希望能將過去到現在的銷售狀況視覺化，找出問題點後，找出需要加強的區域和商品」。另外一項要求則是「藉由分析業績好和業績差的商店，歸納出一套「勝利方程式」」。

這項任務的最大問題點在於，販售商店的相關情報通通在業務負責人的腦海中。另外，大部分商店的情報質量參差不齊，沒有統一的指標。即便想要蒐集這些資料，也只能請業務負責人協助，但卻不知道該從何下手。雖然業務負責人會使用Excel報告訪問和訂購資料，但因為缺乏蒐集和分析資料的經驗，所以甚至連該蒐集什麼樣的資料和情報都一無所知。於是，我們將目前的資料集結起來，製作成儀表板以利資料視覺化，指出哪些資料不足，從零開始教導他們如何蒐集資料。

營業額的資料是較早能夠做到視覺化的資料。除了透過使用不同的圖表呈現商品陳列、區域和商店，掌握目前狀況的好壞之外，也能大略計算出未來的預測數值。但是卻完全沒有取得「營業額高的商店和營業額差的商品間差異」的相關情報。

我們能想到的因素是商店的集客力及佔地位置，再深入思考的話，我們認為陳列商品的商品架的擺放地點可能也會造成影響。當我們提出這項因素後，經營高層和營業部門的領導人向所有業務負責人下達了「到店面巡店，並蒐集所需資料」的指示。

商店的基本情報等不需要到現場也能得知的情報由資料分析團隊負責蒐集。指示下達約兩個月後，除了總公司的業務負責人以外，同時也委託外部企業協助，把所有店面巡迴一輪，將資料完整蒐集起來。最後在完成資料統計和視覺化後，再利用統計模組找出影響營業額出現差異的因素，並以數值呈現各區域及各商店的銷售發展性。

我們舉辦了一場分析結果發表會，請所有業務負責人到場參加。資料分析團隊的負責人利用我們製作的儀表板，詳細說明我們針對目前面臨的問題和課題所進行的分析，並說明對營業額造成影響的因素。然而，在場卻幾乎沒有任何人回饋意見或想法。與會的每個人都神情黯淡，問答時間也完全沒有人提出問題。當我方向與會者徵求感想和意見時，雖然得到了「好厲害喔」的正面評價，但聽起來和「你們做的事好奇怪啊」的感覺只有一線之隔，並非「很感興趣」。

當我們根據分析結果提出具體的改善方法後，他們的反應漸漸轉變成「負面」。像是「店家他們也有自己的規則，不可能說變就變」「業務的立場很薄弱，根本不能提出意見」等反對意見，或是「計算的分類方法和現場不同」「這和我們業務在現場感受到的不同」等批評。甚至也有涉及資料更新程度的相關發言，「現在商品架的擺放位置和當初調查的時候不一樣」「這間店已經沒有販售這樣商品了」等等。「由經營高層指示的專案本身就沒有意義啊」「（分析團隊）只會聽從經營高層的意見，難道都沒有在聽我們這些在現場的人說的話嗎？」最後現場氣氛變得相當糟糕，說明會也無疾而終。而指派專案的經營高層和業務部門領導人，直到最後一刻都沒有出現在會場。

這個專案失敗了。失敗的原因在於：我們深信經營高層和業務部門領導人委託的內容，就是全體業務負責人的意見。但事實上依據分析結果實際行動的人不是經營高層，也並非業務部門的領導人，而是業務負責人們。這種組織關係往後該如何繼續維持，沒有人知道答案。另外，這項專案是在彼此關係尚未釐清的情況下展開，因此，其實從開始蒐集資料的那一刻開始，專案就漸漸「邁向毀滅」了。

這一次，雖然我們蒐集到了需要的資料並將它視覺化，且製作出精準的分析模組，但卻無法讓客戶理解分析的用意，甚至連讓對方實際使用都沒能做到，是徹底的失敗。

## 3 沒那麼難？成功的作法與成功的理由

前面章節介紹過作者們的失敗經驗。連續了解幾個失敗經驗後，或許有些讀者會開始產生「資料分析專案好難」的感覺。但請各位先不要這麼想，接下來將順著5D框架的執行步驟，介紹作者們的成功經驗。閱讀完本章節後，相信讀者們會對資料分析產生信心。雖然其中也有「不要做資料分析」的故事，但因為分析資料並非目的，所以並不是我們想要傳達的本質。在下一章，我們將會提到如何將法則實踐於自身專案的方法。

## 找不到Demand（需求）？

這是我任職於提供零售商店服務的公司時發生的故事。這家公司比競爭對手更早打入市場提供服務，合作的連鎖店家規模也非常大，所以銷售情況相對穩定。然而，這半年來，營業額卻忽然急速下降，和去年相比呈現衰退的趨勢。即使詢問負責人原因，卻也只得到「這半年不論價格或是銷售方法都沒有任何改變」的答案。因此，商品負責人才會選擇委託資料分析團隊提供建議。

「營業額真的是突然急速下降。我們完全摸不著頭緒，所以想請你們幫忙調查。如果能知道原因，就能早點展開對策了。」從商品負責人手中拿到的資料裡，包括過去的銷售資料、顧客情報，以及販售的店家相關情報。正當我在思考該如何運用這些資料進行分析時，收到了商品負責人寄來的郵件。信上寫著「高層提出了『會不會是這個原因』造成的假說，所以我們自己也思考了各式各樣不同的原因」，信中條列出好幾項

「假說」。郵件結尾表示「請運用我們提供的資料，驗證這些假說是否正確」。在這當下，委託的方向已經從「找出營業額下降的原因」，變成「驗證假說是否成立」。

郵件裡提到了幾個假說，例如「周邊人口稀少，競爭對手多，商店的地理位置差」「或許是因為商品的招牌太舊，所以被撤下來了」「已經沒有消費者需要這項商品」或是「因為和商店的改裝時間撞期，所以無法販售該商品」等等。他們希望我們能利用取得的資料驗證以上的假說。

這些假說都可以先進行蒐集資料後，再統整報告，藉此判斷上述的負面因子是不是導致營業額下滑的原因。但因為店家分佈在全國各地，若要全部都調查一次，必須花上不少時間和精力。如果想調查顧客的需求，還必須確實進行問卷調查。

再者，這些「假說」幾乎都不是近期才發生的改變，即使可以視為「營業額下降的理由」，卻無法成為「營業額急速衰退的原因」。「營業額急速衰退」理應還有其他「課題」需要面對。

首先，我們統計了營業額資料和商店資料，運用儀表板將資料視覺化。雖然能看出每個區域和商店個別的狀況，但因為這半年幾乎全國每間店的營業額都呈現衰退，所以無法從中得知營業額下降的原因。至於關於「假說」的部分，我們也針對公司內外部資料進行了調查，並實際走訪幾間商店和競爭店家，確認與「假設」是否吻合。

基本上進行這項作業時必須反向推敲，以「如果我是客人」的角度思索。例如「什麼時候我會需要這項服務」「應該用什麼方法搜尋我需要的服務」，以及「根據什麼理由選擇需要的服務內容」。另外，也可以詢問和該服務的目標客群相似的親朋好友意見，或是運用社群軟體和部落格等方式蒐集普羅大眾的看法。

我們發現消費者對於該服務的認知度並不高。實際在瀏覽器輸入關鍵字後，競爭對手的排名順序明顯較高。運用專門的工具查詢自家公司和對手公司的網站進站數以及造訪路徑等，出現的結果如預期般令人擔憂。競爭公司的網站進站數正在急速上升。主要原因是他們強化行銷宣傳力道。反觀自家公司，不僅網頁進站數急速下降，甚至連行銷宣傳的力度也十分不足。

簡單來說，雖然競爭公司是較晚進入市場，提供的服務也與我們相同，但是對方加強行銷宣傳吸引顧客，於是導致使用我們公司的消費者減少，營業額隨之下降。總之，針對營業額減少的「問題」，我們所面臨的「課題」是「自家公司的行銷宣傳力道不夠，所以無法吸引顧客上門。」得知原因後會發現，其實理由非常單純。雖然負責人的反應是「什麼啊，原來是這個原因」，但如果當初依照假說針對「店家的地理位置」和「招牌的有無」進行調查，我認為並無法找出真正的答案。

## 不知道Design（設計）應該如何著手

在Design（設計）的失敗經歷中，我們已經向各位介紹過廣告效果測量的資料分析專案經歷，接下來繼續說該案例後續的發展。在那段過程中，我們製作了預測廣告及行銷宣傳活動會對營業額產生什麼影響的分析模組，並試圖對其效果進行定量預測。然而，因為需要耗費大量經費，再加上廣告方針改變，專案因此終止。當時我們將這則故事分類視為失敗的案例。

後來，公司因為要投放廣告，所以仍然需要預測成效，專案也因此重啟。於是負責的部門自行比對電視廣告播出之前和之後營業額的成長率，記錄點擊網頁廣告使用者的後續行為，並追蹤點擊轉換率，以預測廣告成效。經過一番努力後，該部門成功得出電視廣告和數位廣告各自的成效，但是無法預測跨領域的效果。

例如「是否能讓消費者在看過電視廣告後，主動上網搜尋，最後到實體店面購買」。因此當經營高層詢問「這個電視廣告播出後，最後賺了多少錢」時，公司內沒有人能回答得出來。雖然動員全公司執行的廣告效果測量專案曾一度以失敗收場，但這一次因為需求的難度提高，所以再次委託資料分析團隊負責。

「請針對各個廣告的效果進行定量預測」「不分頻道種類，預測全公司所有商品類別」和「未來會把這個數值當作基準，作為全公司的關鍵績效指標」等要求。要求的目標本質上其實和上次失敗的專案大同小異，唯一的差別是這次我們改變了方法。我們沒有突然召集所有相關人員請他們提供資料、製作分析模組，「現有的測量方法有沒有問題？」「其他面臨同樣問題的企業是如何解決？」以及「有沒有運用新技術解決問題的相關案例」等等，首先我們做的事情是蒐集情報。接著再利用手邊的資料和工具做出原型，試圖想像出最後成品的樣貌。

以預測一般廣告（包含策略）成效的方法來說，可以調查廣告播出前後的差異性。另外，還有研究公司的固定樣本調查（針對接觸的廣告、公司網站的瀏覽次數，以及購買的商品，在一定時間內進行調查及量測成效的方法）等方法。以前項的方法來看，如果廣告播出前後的（廣告以外）條件不一致，就無法產生正確測量效果。甚至也可能因為不同狀況導致廣告播出後營業額下降，造成「負面效果」產生。另外，雖然固定樣本調查的方法需要追蹤每一個人的行動表現，資料粒度非常細，但也沒有細緻到能追蹤使用者偶然在電車上看到的垂掛廣告，或是報紙內的宣傳單等隨機的狀況。因此，也難以運用於橫跨線上和線下的情況。

為此我們採用第三個方法：每天蒐集各式各樣不同的資料進行統計分析。雖然資料的粒度稍粗，但無論是電視廣告、宣傳單，或是雜誌上刊登的報導，都能同時列入分析範圍。我們認為只要將氣候條件、自家公司是否有進行宣傳活動，以及競爭公司的動向等所有正負面條件都加入分析，再製作預測模組就能十拿九穩。於是，我們先將手邊蒐集到的資料和現有的資料全都放進統計分析軟體，製作出簡單的分析模組。

我們首次召集包含經營高層在內的主要成員，向他們報告並說明這次的分析專案內容。這次運用的分析方法能以「天」為單位，定量表示每個廣告和各項策略的效果，只要提供現場獨自管理的資料，就能再將預測的精準度向上提升。除此之外，我們也向客戶提案出建議，讓他們知道「倘若未來公司全體都需要使用這套分析模組，我們希望需要分析資料時，不是每次都委託資料分析團隊協助，而是導入能簡單操作的專門工具，讓每個成員都能自行進行分析」。工具的選擇，是以「能夠在短時間內完成分析，以及負責人可以自行手動操作並思考策略」為優先條件。對於這項建議，參加者回饋的意見是「如果能夠簡單的做到資料分析，當然沒有問題」，所以對於導入工具這件事，大致上可說是獲得大家的同意。

這一次的經驗讓我們體會到，必須在Design階段調查面臨的「課題」和盡可能蒐集「資料」，並選擇共同認定最合適的「分析方法」，思考如何在最後做到「標準化」。方可順利的取得預算，獲得相關人員的協助。

## 這樣取得Data（資料），才是對的

這是Data（資料）失敗經歷的後續故事。在該章節提到，雖然能夠透過分析顧客的屬性資料，得出廣告宣傳郵件的名單列表，但因為用於分析的顧客「屬性資料」不

夠齊全，最後並未達成預期效果。儘管已經知道這間公司的顧客情報十分不足，也盡可能蒐集顧客的職業、興趣和居住地等相關情報，但仍然難以蒐集完整。這一點，站在顧客的立場來看，除非有極大的正面誘因，不願意透露也是無可厚非。

於是，我們回到最初的起點，嘗試思考我們是為了什麼理由蒐集資料。思考後發現，與其聚焦在「屬性資料」，應該再更深入探究顧客在購買商品前有什麼樣的反應，蒐集「行為資料」更具參考價值，因此我們將焦點從屬性資料轉移到行為資料。

瀏覽網站商品介紹頁面的訪問者很多，只要使用專門工具，即可取得使用者的訪問資料。雖說這些資料中，只能鎖定一至兩成（以前曾經消費過）的顧客，但總比不運用任何資料來得好，因此也決定整理出每個顧客的行為表現當作情報使用。首先，先從「是否曾經造訪過網站」開始，接著則是「瀏覽哪一頁商品頁面」「總共造訪過幾次」「從什麼時候開始造訪」，漸漸提高資料的細緻程度，將顧客的行為資料化。

深入探究這些行為資料後可以發現，確實行為表現是因人而異，同時也逐漸能看出這些行為和購買行為間的關聯性。此外，我們也因此能夠思索「為什麼這位顧客要買這項商品？」並根據消費者的年齡或職業類型，推斷其購買商品的原因。甚至例如有些顧客是因為廣告內容中提到「能解決○○的問題」，就一頭熱的相信「○○就是促成購買的原因」。

但瀏覽過顧客服務中心留存的對話紀錄和電子商務網站的評論後發現，即便是一樣的商品，每個消費者也並非基於相同的理由購買。既然有「覺得看起來不錯」就購買的人，當然也有懷著「聊勝於無」心態的消費者。同時我們也得知購買後覺得商品很好，因而幫親朋好友購買的消費者人數比預期還多。這種「心理資料」才是銷售預測最需要的部分。

於是，我們決定詢問顧客「購買原因」。這項需求會增加顧客服務中心的系統操作流程，為了避免增加員工負擔，我們改善了系統的操作介面，讓他們可以運用簡單的步驟選擇我們事先準備好的幾個選項。這些選項是來自過去的對話紀錄，我們將這些內容進行文本分析之後，再把主要原因分組歸類後篩選而成。雖然剛開始一直無法提高回收率，導致顧客服務中心怨聲四起，但一段時日之後，漸漸有了成果，最後成功詢問出「購買原因」的比例高達九成以上。除此之外，我們也利用購買後的調查問卷蒐集資料，順利掌握購買後的「滿意度」。透過上述方法，我們成功的在短時間內取得大量可用資料。

藉由蒐集顧客的「行為資料」和「心理資料」，能夠更精準描繪出每位顧客的樣貌。活用這些資料重新製作出的分析模組，便能夠大大提升廣告宣傳郵件和電話行銷的成效。

此外，這些資料不只能夠提高分析的精準度和顧客關係管理策略的效率，甚至牽涉更大的成果效益。只要一取得「購買原因」和「滿意度」的相關資料，我們會馬上使用商業智慧（Business Intelligence，BI）工具，將內容彙整於儀表板，再寄信通知全體員工。其實員工對於廣告的訊息訴求沒有太多認知，也不太理解，透過上述方法和公司全體共享情報，能夠讓員工知道消費者購買商品的理由可能和當初預想的原因完全不同，而這些情報不僅能作為調整行銷宣傳方法的參考，同時還能靈活運用於新商品開發。

## 三個「力」，讓你突破 Develop（開發）的困境

這是我任職於零售業資料分析團隊成員時發生的故事。從新商品的研發到商品販售，事先預測商品的銷售量是非常重要的。公司一直以來都是針對一般消費者大範圍進行問卷調查，再依此決定新商品的優先順序。除了新商品外，也會針對既有商品調查消費者「想不想擁有這項商品」，再結合銷售資料製作預測模組，預測新商品的概略銷路狀況。當時我們嘗試了幾個不同的演算法，還進行了圖靈測試，提高預測的精準度。

透過這些方法雖然能得出新商品的優先順序，但卻無法明確回答「為什麼會是這樣的排列順序」。頂多只能回答「因為很多消費者都說『想擁有』這項商品」「商品類別

是重要的因素之一，而這項商品和以往暢銷的商品是相同類別」。這種程度的答案，無法運用模組導出「應該改善哪個部分，才能讓商品更為暢銷」的結果。還出現了明明預測「會熱賣的商品」，結果完全賣不出去，或是出現暢銷卻賺不了錢的新商品。經營高層和商品負責人將矛頭指向資料分析團隊，責備我們「因為預測的精準度太低，導致公司蒙受巨大損失」。因為無法找出預測失準的原因，新商品的販售就在「這本來就是不會賣的商品，只是剛好預測失常而已」的氛圍下畫下了句點。

為了避免重蹈覆轍，這次我們決定深入調查銷售量低的商品。研究過商品廣告的播放期間和時段後發現，以收看廣告的人數來看回應率並不高，但也沒有糟糕到會造成巨大赤字的程度。雖然也將廣告投放在符合目標客群的性別和年齡媒體上，但因為播放時段是年底廣告費最貴的時間點，所以幾乎沒有任何利潤。此外，我們也發現廣告使用的影片還有很大的改善空間，這也是導致回應率低下的原因之一。

簡而言之，雖然商品本身很有魅力，但廣告的訴求力不足，即便廣告媒體有觸及到目標客群，也會帶給消費者「CP值很差」的印象。

我們認為只要將「商品力」「創造力」和「媒體力」三點資料化，製作成預測模組，就能說明「為什麼這項商品會熱賣」「要改善什麼才能提高營業額」。

「商品力」的部分，我們改良以往使用的問卷，問題不再單純的停留在「想不想擁有這項商品」，而是增加了設計、尺寸和價格等構成要素，請消費者給予評價，確認商品的訴求點本身是否符合中消費者的需求。我們也將這些資料做為商品簡介彙整於儀表板內，讓「為什麼『想要擁有』這項商品」和「如果要改善商品的話，要改善什麼部分」等細節能夠一目瞭然。

「創造力」的部分是挑選出十種廣告內的不同要素，例如，是否包含在對象廣告裡，或是依照什麼順序登場等，並將這些要素資料化。藉由結合上述資料和廣告實際成效的資料，導出能提高銷售量（或是不能提高銷售量）的廣告必要要素。

「媒體力」則是取得全國電視頻道的視聽資料加以解析。透過製作預測模組，從星期、時間帶以及頻道種類等推算出未來的收看人數。

最後使用「商品力」「創意力」和「媒體力」所有相關資料，製作銷售預測模組。運用預測模組，導出商品的銷售額和利潤會受到哪些因素影響，以及應該進行的改善方向。如此一來，即使是發售前尚未製作廣告素材的商品，也能進行一定程度的模擬，預測商品「賣不賣得動」，同時也能明確的向第三者說明原因。

## 想突破Deploy（部署）困境時，應該思考什麼？

資料分析團隊在企業中的任務，是運用資料分析解決各階層員工面臨的課題，並進一步消弭問題。以作者們的經驗來說，大部分都是收到委託後才展開行動，幾乎不曾主動啟動專案。其中極為罕見的案例是，以「提升顧客忠誠度」為目的進行資料分析，分析團隊主動建議，要求動員全公司執行，以最終成果來說，這樣的方式算是非常成功。

一直以來，公司都是以顧客回函上的意見和感想為基準，來改善服務內容。同時也針對顧客服務中心收到的問題和投訴內容進行統計研究，再依照每個不同的商品進行滿意度調查，最後向公司內外部進行滿意度報告。

但是，以「顧客滿意度」為目的而執行的策略，會被認定為是ＣＳ（Customer Service，顧客服務）部門的工作內容，而非公司全體員工的共同責任。若是以顧客滿意度為優先，將導致商品、服務的成本提高，最後演變為不得不利用廣告限制訴求訊息，甚至可能損害營業額及利潤。相較於每週召開的銷售和市場行銷策略的大型會議，顧客滿意度的會議卻是一個月只舉行一次。由此可知，「顧客滿意度」並不受到公司內部重視。

然而，當我們把目光投向公司外部，會發現網路上可以看見很多關於自家商品的負面評價。雖說社群軟體上也存在「想要」「想買來用用看」的聲音，但卻鮮少看見消費者表示「有買真的太好了」。看過公司的滿意度調查後，可以發現近幾年排名都是後段班的常客，尤其是「顧客滿意度」和「忠誠度」這兩項最低。顧客忠誠度低代表不論吸引多少新顧客，到頭來他們都會離開。更嚴重的問題是，他們可能會將負面的商品體驗傳播給朋友或家人，勢必會對未來的業績造成衝擊。

對這件事抱持的危機感，驅使資料分析團隊主動展開行動。我們開始向公司內部提倡「導入忠誠度指標」和「提升忠誠度」的想法。簡單來說，就是「對這間公司及其商品的好感」的指標。雖然負責CS的部門已導入忠誠度指標，並蒐集資料向上報告，但在公司內部卻不普及。除此之外，雖然也聘請顧問公司協助調查，並提交調查報告，但每個月只舉行一次報告發表會，所以幾乎沒有得到什麼像樣的成果。於是，我們決定從設計、分析到報告，全都改由資料分析團隊一手包辦。

藉由思索「該如何讓公司運用資料和指標」和「該怎麼做才能讓公司變好」，從理想的樣貌逆向評估，思考哪些是必須要做的工作。為了讓忠誠度高的顧客繼續喜愛、支持公司，除了要找出顧客真正索求的東西再加以延伸外，同時也要發現顧客特別不滿意的部分，並立即修正調整。為此，就必須請商品、服務負責人協助進行改善。對於資料分析團隊來說，必須盡快找出急迫需要改善的重點項目，並向公司提案，同時也需要找出不滿的顧客，請公司協助應對處理。

要讓公司全體能共享忠誠度指標，把各問題點做到一目瞭然，讓負責人在得知問題點的當下能立即處理。我們一邊描繪心中理想的樣貌，一邊設計整體流程。

我們做出了一套完整流程並向經營高層提案，向公司傳遞「忠誠度指標是需要公司全體員工共同努力的指標」的觀念。

蒐集忠誠度指標
⬅
使用儀表板共享情報
⬅
定期舉辦商品及服務的改善會議

分析資料後發現，忠誠度指標高的顧客，消費金額也高，同時也非常積極向家人和朋友推薦。這是我們第一次證明了「顧客滿意度」和「顧客忠誠度」會對利潤產生直接影響。

為了避免資料的蒐集、加工、視覺化、報告等一連串的作業集中在特定人員身上，我們將流程朝向自動化及半自動化邁進，讓簡單取得資料這件事變得理所當然。經過這一次努力，我們讓公司的經營高層、商品負責人到顧客服務中心的操作人員，每個人都能夠看著同一個儀表板討論，成功創造出當初想像中的理想環境。

## 4 讓「分析」的技術，活用於「現場」的辦法

在本章的前半講述的是5D框架各步驟的成功案例，而在第1章的最後，我（木田）想要向大家介紹和5D框架所有步驟相關的例子。如果前面的章節是基礎篇，本章則可定位為應用篇。

### 零售業者難以運用資料分析

首先，對於以面對面接待客人為主的零售店而言，分析資料後，再將結果運用於銷售活動上是件很困難的事。因為在現場客人會絡繹不絕的出現，必須依靠瞬間做出的判斷應對，開始進行銷售對話。舉例來說，即使運用資料分析可以得知適合各類別顧客的

推薦商品，但要求經驗不足的銷售人員運用資料進行銷售相對困難。在新進員工流動率高的現場更是如此，在超過半數人員連「資料分析」這個詞彙都不懂的情況下，就算做了再多資料分析也發揮不了太大作用。

因此，即便資料分析團隊賣力的向商店和設施的營運方表達「我們要多活用資料！」但多半都以淪為空喊口號收場。若要說銷售人員把哪一部分做得淋漓盡致，大概就是會寄手寫DM給消費金額前幾名的顧客而已，幾乎沒有執行過任何「顧客培育」和「挽回流失顧客」的對策。

## 沒時間、沒環境、沒分析師

接下來介紹實際的案例。這次的舞台是零售商店的衣物賣場。這家零售店本身有很強的品牌力，也因為具備吸引高消費力的顧客來店光顧的潛力，當時的我深信「只要再多活用資料，就有很大的機會提高營業額」。然而，那時我的身分不是資料分析負責人，而是賣場管理人員，再加上身處於五個賣場員工共用一台電腦的環境中，所以根本連分析資料的時間都沒有。接下來，我將依照5D框架的步驟依序說明，當處於沒有足夠時間、沒有合適環境、沒有分析師的環境下，我們是如何突破困境，成功執行資料分析專案。

## Demand（需求）：讓「現場」了解目標與動機

首先，我在現場著手進行的第一件事是，和大家共享希望運用資料分析實現的目標。對於被各間企業派遣到現場的銷售人員來說，他們最關心的事情是「如何再多賣出一件自家品牌的商品」。銷售人員彼此是競爭對手，所以也難以建構互助合作的關係。若是突然喊出「我們以提高營業額為目標，一起合作吧！」的口號，我認為這不僅無益於建立和自身工作相關的意識，也無法和展開行動相互連結。

當我在思考是否有可以事先準備，且不會造成現場人員負擔的策略時，腦中浮現的是「如果改變店面商品的陳列方式，是不是能夠提高營業額」的假說。於是我向現場的銷售人員提出疑問：「如果有一份資料，能夠幫助你立刻知道顧客想要的商品品牌和喜好的變化的話，是不是就能反應在陳列店面的商品品項上？」對於這個問題，對方給予正面反饋，所以我們首先訂定的目標是「盡快掌握最新的顧客需求」。這項目標不會產生利益衝突，所以也能獲得對方一定程度的協助。

首要目標決定後，接著要思考的是最終成品的樣貌。

## Design（設計）：掌握讓「現場」理解的方法

以該案例來說，因為必須讓完全不懂「資料分析」的員工們能在當下立即理解，所以需要在呈現方式上多下點工夫。為了盡可能讓大家在不需要學習新知識的情況下就能理解，勢必需要讓資料輸出更為直觀。

我們統整服務顧客所獲的的訊息，整理出他們所傳遞的關鍵字，以及當時的傾向變化和商品的實際營業額，再將這些資料彙整成能一目瞭然的圖表。製作類似模擬版的資料分析圖。最後透過圖表向銷售人員說明，才終於走到「如果是這樣的話，很好理解」的一步。

## Data（資料）：檢討蒐集資料的方法

目的和輸出形式的樣貌確定後，在後頭等著我們的是該如何蒐集資料這項難題。我們既沒有委任調查公司的多餘預算，也沒辦法請顧客填寫調查問卷，更無法自由拿取公司內部的數據。唯一的方法只有「自己蒐集資料」一途。若要做到這件事，勢必需要請銷售人員們協助。

銷售人員在現場為了每天的例行公事和顧客服務忙得不可開交，要開口拜託他們幫忙取得資料根本比登天還難。因此，我決定仔細觀察賣場，尋找能夠取得資料的空檔。

銷售人員的業務內容大致如下面的工作循環圖（圖表1-1）所示。

銷售人員業務內容視覺化和資料蒐集

## 首先先將銷售人員的基本作業流程視覺化

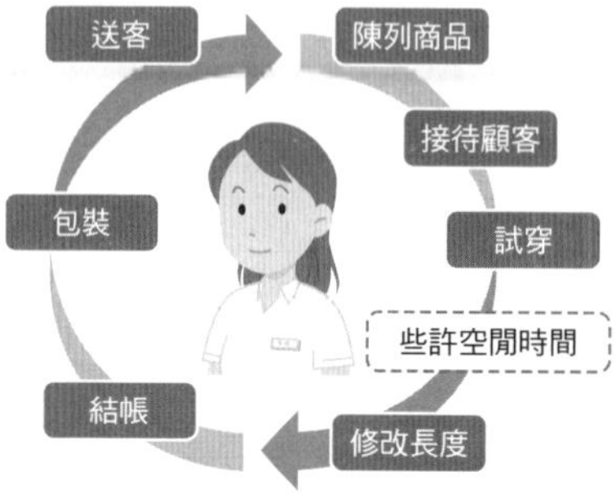


配發接待顧客後可以在十秒鐘內完成記錄的調查表

| | |
|---|---|
| 顧客年齡層 | 10～19歲、20～29歲、30～39歲、40～49歲、50～59歲、60～69歲、70歲以上 |
| 性別 | 女性、男性、其他 |
| 到店時間 | AM、PM　11：00 |
| 品牌名稱 | A品牌 |
| 目的 | 彩色褲子 |
| 對話內容 | 「種類還很少」 |

先嘗試為期兩個月的統計

圖表1-1　銷售人員的業務內容

①未購買的顧客：

陳列商品 → 接待顧客 → （試穿） → 送客

②購買的顧客：

陳列商品 → 接待顧客 → 試穿 → 修改長度 → 結帳 → 包裝 → 送客

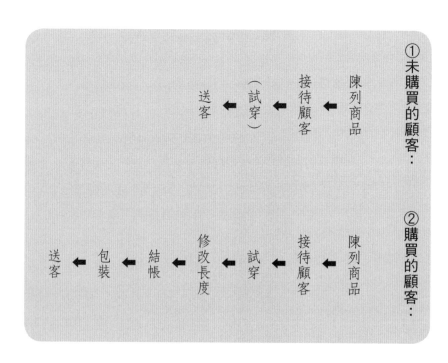

在與顧客一來一往的詢問和應對過程中，可說是幾乎沒有空檔，但在顧客進入試衣間的幾十秒鐘，正是銷售人員的空閒時間。於是，我們將非常簡單的調查表放在各品牌的櫃檯旁，請銷售人員在顧客試穿衣服時，利用十秒左右的時間記錄與顧客的對話內容、年紀（目測）、性別、到店時間、品牌名稱以及目標商品種類等。想當然爾，一開始並不是每位銷售人員都願意執行。但因為得到主管階層員工的協助，這項措施慢慢滲透進現場，賣場人員全體也變得願意參與、執行。

由於在現場的時候，我幾乎一整天都無法使用電腦，所以只能在每天工作結束後回收調查表，再以人力輸入數百張的調查表內容，慢慢累積資料。即使被周遭的員工投以「到底在做什麼？」的懷疑眼光，我也深信自己所做的事具有意義，持續不停的記錄內容。

## Develop（開發）：讓現場與會者可以輕鬆理解非常重要

我使用的工具是Excel、R和Python等開源軟體。首先將蒐集來的資料儲存成Excel檔，運用上述軟體進行文字探勘（分析自由記載的部分），再使用Excel圖表化呈現。

我認為將員工在接待顧客時蒐集的問卷資料化為實際可見的格式，能夠讓銷售人員感受到「小小的成功」，因此將每位銷售人員各自（且較無規律）記載的內容進行文字探勘，接著抽出關鍵字再將之圖表化。當時除了分析師以外，幾乎不曾有人看過這些內容，所以大家都感到非常新鮮。

## Deploy（部署）：與現場共享結論，並落實改善對策

將資料分析後的輸出結果制定為現場各種對應的對策，並加以落實執行是最大的障礙。其中最重要的是分析師「是否理解現場」以及「銷售人員是否知道分析師理解現場的所有事」。銷售現場充斥著許多只有銷售人員知道的KKD[3]。我經常前往現場實際

接待顧客，也把「要和銷售人員以相同視野和觀點看待事物」謹記於心。正因為如此，我和銷售人員算得上是意識共同體，所以當我需要向他們分析資料結果時，也能較順利的得到理解。

以結論來說，這一次因為成功的達成「盡早掌握顧客需求」的目標，也能快速備齊商品品項，因此營業額也因此增加。業績確實提升，促使銷售人員更能夠信賴資料分析，之後的資料分析應用也能更順利滲透至現場。

3 取三個日文詞語的第一個字母縮寫，而組成的口號。即日文的勘（KAN）、經驗（KEIKEN）、度胸（DOKYOU），這三個詞語。也就是中文的「預感、經驗、膽識」。

## 總結

在對於「資料分析」四個字完全沒有任何概念的環境下，實施「以資料為中心」（Data Centric）的措施必然會伴隨許多困難，但只要多下點工夫，就有可能在不花費過多經費的情況下，將資料分析帶入現場。必要的條件是：分析師必須確實理解現場的KKD+D（額外的D指的是Data，資料）；以及平時就和現場的員工建立良好溝通，創造相互理解的關係。另外，現場一定潛藏著許多必須仰賴五感親身體驗才能獲得的線索。千萬不要輕忽這些必須由分析師親自探索挖掘的情報。

接下來的部分除了是作者的經驗外，同時也是行銷系出身的資料分析師比較擅長的領域。在市場行銷戰略中，很常可以看見以AISAS消費者行為模式[4]和AIDMA消費者購買法則[5]這類框架實施行銷活動的案例，而這點和將資料分析專案融入現場的道理其實非常相似。具體流程如下：

①讓對方認知課題。

⬅

②讓對方對運用資料分析解決課題，產生興趣、關心。

⬅

③一起發現並共享新的洞見。

⬅

④實行措施。

⬅

⑤往下一個措施邁進。

---

4 是日本電通公司針對互聯網時代，因應消費者生活形態的變化，而提出的一種行為分析模型。AISAS指的是Attention（注意）、Interest（興趣）、Search（搜索）、Action（行動）、Share（分享）。這種嶄新的消費生活型態，取代了過往向用戶單方面傳遞資訊的方式。互聯網的搜尋與分享功能提供大量可靠的產品服務評價訊息，讓主動購買的消費行為增加，且消費者在進行購物時，判斷的態度也較為理性。

5 廣告用語，談的是消費者從看到廣告到購物時的幾個關鍵過程。AIDMA指的是Attention（引起注意力）、Interest（產生興趣）、Desire（培養欲望）、Memory（形成記憶）、Action（促成行動）。當我們被廣告吸引，產生興趣而閱讀下去，接著產生購物慾望（desire）。然後記住（memory）該廣告內容，最後產生購買行為(action)。像這樣在一連串的廣告發生功效而引導消費者產生的心理變化，就稱為AIDMA法則。

我認為資料分析師應該要學習市場行銷戰略及行銷的思考方法。除了能藉以進行資料分析，也有利於讓現場理解資料分析的益處。

# 第 2 章

# 實踐5D框架

**5D的最高指導原則**

| Demand（需求） | Design（設計） | Data（資料） | Develop（開發） | Deploy（部署） |
| --- | --- | --- | --- | --- |
| 以分析師的身分，釐清需求是最高指導原則 | 描繪分析框架的整體輪廓，並取得客戶的同意 | 釐清資料的適用性及執行度是一大學問 | 做好事前準備及選對分析工具將可事半功倍 | 客戶立即吸收分析結果，專案才能宣告成功 |

1

## Demand（需求）

尚未確認動機及目的前，
先不要開始進行分析工作

### Demand（需求）＝概要

第2章開始，我們要詳細解說5D框架。首先是Demand步驟，同時也是分析專案的第一個步驟。若Demand步驟出了差錯，專案就必須重新來過。我（山田）本人有好幾次因為被訓斥「你搞錯了吧!!」一邊忍著快掉下來的眼淚，一邊從頭修正專案的經驗。對於當時給我充足時間，讓我重新開始的客戶，以及始終陪伴在我身邊、照顧我的上司有說不完的感謝。不論什麼工作，好的開始就是成功的一半，對資料分析專案來說更是重要。

何謂分析的價值？接下來將從價值開始說起。分析的價值並不在於分析結果，而是分析結果能否成為決策者背後的那股推動力量。決策者會根據分析結果推動分配、資源和資金正是價值的所在。分析始於Demand步驟，能夠懷著「應該進行什麼樣的分析，才能導出帶來商業影響的結果」的視角才是最重要的。

偉大的護士南丁格爾曾運用資料分析救人。南丁格爾在克里米亞戰爭擔任戰地護士時，發現在戰場受傷送進戰地醫院後死亡的人數，竟然遠遠超過戰爭前線現場的陣亡人數。當時的戰地醫院衛生環境惡劣，許多受傷的士兵因細菌感染演變成重症導致死亡[1]。發現這個事實的南丁格爾製作出大家都能理解的圖表，並根據資料向大家呼籲改善戰地醫院的衛生環境。我認為透過這個故事，讓我們明白，與其使用KKDM提出訴

1 備註：https://www.stat.go.jp/dss/course/index.html

求，展示KKD（資料分析的結果，Knowledge Discovery and Data Mining）更容易將訊息傳達給對方。

報告分析結果時，委託者最常說的一句話是「所以？我應該怎麼做？」若在這個環節停頓了，代表分析沒有價值。分析師在製作結果報告時，務必要以「So what」（所以呢？）「Why so」（為什麼會是這樣？）這兩個觀點撰寫。提案時，必須從分析後發現的事項徹底思考「可以說些什麼內容」「是否能誘發商業行動」「原因是什麼」這幾個問題。

資淺的分析師在收到委託後會馬上開始著手分析作業，但是在開始分析前必須先做一件事。那就是「定義需要解開的難題」。這件事的困難度之高，甚至被稱為「只有顧問級的分析師才能精準掌握，高手才有的技術」（參照《論點思考》一書）。雖然需一邊累積經驗，一邊磨練技術才有可能達成，但只要事先理解可能出現的陷阱「陷阱」和具體順序，就能做到基本的部分。

## Demand（需求）＝會做錯什麼？

首先說明在前面等待我們的Demand（需求）難題——我們會做錯什麼？

### 掉入陷阱的案例「搞錯入口」——無法得到正確結論

這是我以資料分析負責人的身分，被派遣到某大企業的經營企劃部門時所發生的事。當時我負責的業務內容是運用Excel等工具進行統計、分析業務。有一天我接到「想請你幫忙建構品牌轉換模組」的委託，附加條件是「希望製作成簡單的模組」。「品牌轉換」指的是消費者停止購買平常使用的品牌，轉而購買其他品牌的意思。舉例來說，平常都是買A品牌罐裝啤酒的消費者，下個月改成購買B品牌的罐裝啤酒。

當時經驗尚淺的我，突然想起曾經讀過的某本書上提到「品牌轉換」的內容。我依照從書上所學到的「運用馬可夫鏈模組」（參照專欄「馬可夫鏈模組」）進行模擬，「這樣模組就能完成了。非常好！」我對此非常有信心。但最後的結果是，我因為這個分析專案，把自己弄得一敗塗地。

提出分析需求的市場行銷人員想表達的其實是「若要達成當時的業績目標，必須將品牌轉換率提高到以現實層面來看根本無法做到的地步，讓消費者從競爭公司轉移到自家公司」。換句話說，就是想利用品牌轉換模組，說服公司將高的離譜的數字當作業績目標。

當時連這點都沒有參透的我，用Excel腳踏實地的製作馬可夫鏈模組，不假思索的隨意設定一家競爭公司。「簡單的模組」是條件之一，所以我把轉移變化的終點鎖定到極致模組。由於製作這個模組很費工夫，所以一直無法向上報告，一段時間後，等得不耐煩的市場行銷人員受不了，所以直接對我說「做到一半也沒關係，趕快給我報告」。

我向他說明目前的作業內容後，被大罵了一頓「我不是想要你做這種模組」「我只是想要知道我們公司和競爭對手A公司與B公司間的差異而已」。最後落得「這個模組零分。我連一分都不會給」的下場。

回顧當時的日記，裡面寫著一段反省文：「如果當初沒有『簡單的模組』這項條件，我當然也會考慮製作競爭對手公司的轉移變化，我不應該把『簡單』兩個字信以為真」，現在回想起來，當時的我甚至連反省文都沒有抓到重點。

失敗的原因其實顯而易見：我在根本不了解委託者需求的情況下就開始分析，胡亂衝刺。當時市場行銷人員對我說：「因為你根本不理解資料分析的目的，盡做些答非所問的傻事。以後分析資料時，請把工作目標寫好貼在你眼前的桌上後，再給我開始工作！」而之後我也真的把工作目標寫好貼在桌上後才開始工作。這個事件給我的心得是如果你搞錯了資料分析專案的起點，最後勢必會從錯誤的出口出來。

## Point ＝「馬可夫鏈模組」

馬可夫鏈模組是呈現狀態變化的模組（圖表2-1）。以購買品牌A的人持續購買A的比例＝甲，轉移至品牌B的比例＝乙，轉移至品牌C的比例＝丙的方式呈現。透過設定品牌B和C各自的比例，可以模擬消費者在這三個品牌間會如何轉移變化。

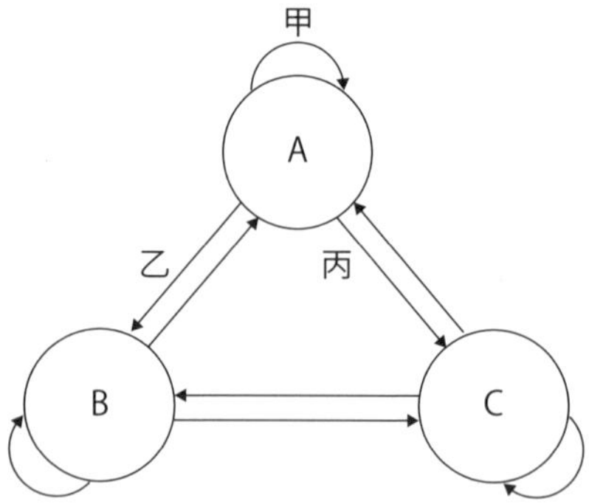


圖表2-1　馬可夫鏈模組

## 只要做好「這件事」，就能避免落入陷阱

分析的需求通常曖昧不明。有些提問內容甚至是「是不是因為〇〇很差，所以導致

析資料嗎？」的狀況。若是遇到這類型的委託，就必須與委託者進行溝通，確實理解委託者的訴求之後，再運用自己的語言整理委託事項，並和委託者建立共識，確認「想要導出哪些結果」。如此一來，就能防範落入陷阱。

然而，若要掌握「導出的結果」，必須和分析委託者對個案的背景有相同程度的認知和理解才行。這些答案並非存在於分析師的腦中，所以在完全理解委託者的需求以前，請認真傾聽他們的每一句話。

資料分析師經常犯的錯誤是「自認為是為對方好，擅自重新定義對方的需求」。以我自身經驗來說，曾有客戶提出「請幫我計算LTV[2]」，我卻擅自幫忙分析「特定年輕消費族群的LTV較短的原因」。結果將報告提交給對方時，換來的是一句「我不想

---

2 Lifetime Value，顧客終身價值，指的是顧客在服務期間能帶來的收益

知道這些。我只需要知道總數值就可以了」。

自以為是為對方著想，自作主張重新定義對方的需求，就會造成沒有和委託者進行溝通逕自執行分析的後果。當然，也曾經發生我們自認為是為對方著想而多此一舉，對方看了覺得很驚喜的案例，但這種情況真的少之又少。總之，分析的價值並不在於分析結果，請不要忘記，資料分析的價值，是存在於委託者會依據分析結果而行動。

## Demand（需求）＝要從哪件事開始做？

接下來要說明Demand步驟的具體作業內容。雖然前面章節已經提過，但在此需要再強調一次，千萬不可以貿然進行資料分析。進行分析前，務必要先執行以下內容。

1 確認對方先前是否已經做過資料分析；
2 了解對方希望利用分析結果達成什麼目的；
3 傾聽對方「為什麼會產生這樣的需求」；
4 彙整出分析方針，達成共識；
5 調整期望值。

接下來將依序說明。

## 1　確認對方先前是否已經做過資料分析

首先應該要做的事是：確認對方以前曾經做過什麼樣的資料分析。分析的重點大致相差不遠，若是過去曾進行過資料分析，通常會傾向和以前分析相同的項目內容。以分析業績為例：「業績的八成中，該商品佔了整體的兩成」的理論，實際上並不罕見。所以通常會從這兩成是什麼商品，或是為什麼會熱賣的觀點切入分析，所以若沒有事先確認以前分析過的內容，再怎麼努力分析也只是浪費時間而已。

## 2 了解對方希望利用分析結果達成什麼目的

任何人或單位委託進行資料分析時，都有自己的理由。必須詢問對方想要利用分析結果做些什麼，只要抓緊重點，以「想將分析結果如何活用於商業判斷上？」為出發點來問問題，就能避免錯誤的分析發生。

如同先前所介紹的LTV案例，有只想要知道總數值的客人，自然也會有想要知道主要原因的客人。必須優先確認顧客所需的資料粒度。

## 3 傾聽「為什麼會產生這樣的需求」

委託者的要求往往曖昧不明，若是不了解需求的背景，會導致錯誤的分析發生。但如果要了解課題的背景，就要和委託者對於現狀有相同程度的理解，因此必須針對所有相關的人事物進行詢問和了解。

### 4　彙整出分析方針，達成共識

委託方以白紙黑字寫下想要運用資料分析「達成的明確目標，以及釐清課題的方式」，並和分析師達成共識。雖然簡單的委託內容或許不需要如此大費周章，但光是要達成「預測模擬」和「想要知道主要原因」的需求，可能就要花費一個月以上的分析時間。因此委託方在面對這種情況時，就必須彙整出分析方針，並事先和分析師取得共識。需要白字黑字寫下的內容項目，會在下一章Design步驟詳細敘述。

### 5　調整期望值

Demand步驟的最後一項是「調整期望值」，也可以視為（4）分析方針的一部分。舉例來說，假設收到「請在明天以前計算出本公司集團全體的年間盈利表現」的委託內容。要完成這項任務，必須滿足以下三項條件：

- 分析負責人擁有足夠的資源；
- 集團全體的年間盈利資料已經備齊；
- 計算盈利的公式已經定案，並且已經和公司內部取得共識。

但事實上，沒有人會在符合上述條件的情況下提出委託是要求。因此，當收到委託時，必須先整理出「需要備妥哪些條件才能達成委託需求」，並設下幾項限制。例如「以現狀來看，已經備齊目前為止所需的所有條件，但如果明天就需要，只能算出關東地區的利潤」「公司內部沒有統一利潤的計算方法，所以只能先算出業績的部分」，降低資料分析的需求門檻。這正是所謂的「調整期望值」。透過上述方法，才能夠讓分析結果和委託者的期待吻合。

## Demand（需求）＝總結

在〈前言〉中，我們將資料分析比喻成料理。一提到料理就會開始思考「要做什麼樣的料理」「為了什麼而製作料理」，或是「因為什麼原因而舉辦聚餐」，再依此決定菜色，而這正是Demand步驟的內容。為了求婚而安排的餐會和星期天下午滿足口腹之欲的下午茶，這兩者所選擇餐廳和料理理當完全不同。

以資料分析的情況來說，需要執行的項目會因為報告模式而有所不同，以「每個月報告一次分析完成的交叉列表」和「製作預測未來的模擬模組，並向社長簡報發表」這兩件事來看，它們所要進行的步驟是截然不同的。釐清這部分以及和組員們達成共識也是在Demand步驟需要完成的事項。

當我還是菜鳥資料分析師時，很多時候會有「對方說什麼，我就做什麼」的想法，然而隨著經驗的累積，我發現「若只是照著對方說的話做，可能無法讓對方認同我的能力」，因此我也漸漸開始以分析師的身分對分析主題提出建議。Demand步驟非常深奧，沒有絕對的正確答案。

## 2 Design（設計）

要拿到哪些資料？詢問哪些人？怎麼做才能讓每個人都看到？

### Design（設計）＝概要

在Demand步驟時已經確定好分析方向後，接著要訂定計畫，從「以什麼資料為基準」「如何進行分析」，到「以什麼形式輸出結果」，這就是Design步驟的內容。雖說這屬於定義規格條件的作業內容，但在委託人和分析師一來一往之間，彼此便能針對分析案件的內容取得共識。

「要提出什麼樣的圖表？」或是「提出的報告內容需要包含提供實際考察結果後，建議採用、實行的商業行動嗎？」根據需求的不同，分析作業所需的資料及作業時間都會產生巨大變化。

就算是曾經做過分析作業的經驗人士，也有可能被分析作業所迷惑，而陷入永無止盡的工作黑洞。

「計算之後我發現這個線索，我們把這些資料加進去，再多分析一次吧」，或是「若以不同區間進行，會出現這種結果。接下來如果用商品屬性去計算，說不定會出現更有趣的結果」等等，在創意發想期間靈感源源不絕，忙得不亦樂乎。

但若以工作的角度來看，這絕對不是一件值得讚許的行為。為了能在有限的時間和預算內拿出成果，必須訂定計畫，而這正是Ｄｅｓｉｇｎ步驟要做的事：定義最終成品（商品）。

若要決定「以什麼形式輸出結果」，必須先了解有哪些輸出形式。分析結果的輸出形式可以粗略分成下述幾種類別。

1 計算
2 報告（視覺化）
3 報告（假說驗證）
4 建立模型（預測）

## 1 計算

「計算」的意思是，以分析所使用的資料為基準，求出總數值。以Excel來說，就是使用樞紐分析表的功能進行分析作業。例如：一天總業績金額的推移、各都道府縣的總業績金額，或是不同年齡層和性別的顧客的總消費金額等等，都是屬於計算的範疇。

計算的步驟只需要將資料整理完成，其實非常簡單。但若資料整理得不夠妥善完全，或是根本還沒拿到資料，甚至必須從頭開始取得，就是一件非常麻煩的大工程。

## 2 報告（視覺化）

報告是根據總數值所進行的考察作業。其步驟為「算出總數值」「確認事實」（實際狀況）「考察洞察先機」。接下來以珍珠奶茶店的資料分析為例，說明考察流程。

### （1）算出總數值

⬇二十至二十九歲來店消費的女性為十人，總消費金額是一萬日圓，每個人的消費金額等於一〇〇〇日圓。二十歲至二十九歲來店消費的男性為三人，總消費金額是三九〇〇日圓，每個人的消費金額等於一三〇〇日圓。

### （2）確認事實（實際狀況）

⬇相較於二十歲至二十九歲的男性，二十歲至二十九歲的女性較常光臨珍珠奶茶店

↓相較於二十歲至二十九歲的男性，二十歲至二十九歲的女性的總消費金額較高

↓二十歲至二十九歲男性的個人消費單價較二十歲至二十九歲的女性高三〇〇日圓

**（3）考察洞察先機**

↓相較於二十歲至二十九歲的男性，二十歲至二十九歲的女性較常光臨珍珠奶茶店

← 比起男性，女性比較喜歡喝珍珠奶茶

↓相較於二十歲至二十九歲的男性，二十歲至二十九歲的女性的總消費金額較高

← 果然女性比較喜歡喝珍珠奶茶

➡二十歲至二十九歲男性的個人消費單價較二十歲至二十九歲的女性高三〇〇日圓

⬅ 女性比較在意單價高低，為什麼呢？

雖然這不是根據實際資料而進行的實際案例，但實際分析資料時，確實會遇到計算結果令人不解，想問「為什麼？」的狀況。在非計算錯誤的情況下，如果能找出原因，並向委託人說明，通常委託人聽到後都會覺得「很有趣」，也會感到滿足。

### 3 報告（假說驗證）

「報告」（視覺化）是將資料視覺化後進行考察，還有另一種更進一步進行「假說驗證」的報告形式。我們以剛剛提過的珍珠奶茶店案例為題，試著提出兩個假說：

**假說A：**男性的消費單價較高，是因為有特別受男性喜愛的配料。

**假說B：**雖然年紀大的女性不像年輕女性一樣經常光臨店面，但偶爾來店消費時會選擇特別多配料，單價也因而提高。

設立假說後，我們重新進行在第2項說明過的考察流程。在這個案例中，假說A要算出「各性別的配料消費數量／一個人的消費數量」，而假說B則是「各性別和年齡的來店頻率和單價」，確認結果是否符合假說。資料量若十分充足，一開始也可以單純依據平均值或合計高低進行判斷。

「報告」（視覺化）適合用於了解廣泛而粗淺的資料，而假說驗證則利於洞察較深層的事物本質。如果依照類別將假說分類整理成清單列表，製作報告時會非常輕鬆。

這次的例子是以性別和年齡作為種類區分，設立假說。以行銷術語來說，上述行為稱為

「區隔」（Segment），也就是根據不同區塊建構假說，加以整理。有助於商業行動規劃。

若一開始就在計算前設訂「男性即使購買珍珠奶茶也不太會選擇配料，所以單價比較便宜」的假說，實際計算後卻發現男性的消費單價較高的事實，因為假說未能成立，分析資料這件事會變得很有趣，也能更接近有價值的洞察結果。若是沒有事先寫下假說內容，容易淪為單純計算數字，無法挖掘事物的本質。

「原來如此。男生不是買來自己喝，而是約會的時候想買來給女孩子喝，所以才會在配料上多花費心力，導致單價變高」「其實有些男生也是甜食控，為了好好享受奢侈的個人時光，所以想喝配料豪華的珍珠奶茶」，或是「不對不對，可能是沒時間的業務把珍珠奶茶當作能量補給品來喝，也說不定啊」等，各種不同的假說便一一浮現出來。若要驗證這些假說，就必須取得新的資料，進行驗證作業，分析的過程將使我們更靠近深層的本質，進而提出具有商業影響力的措施。

雖然更詳細的假說驗證需要參考統計學書籍，但針對男性購買珍珠奶茶的單價是否高於女性這項問題，可以運用「檢定」「變異數分析」和「迴歸分析」等手法驗證。透過這些方法，能判斷出是誤差或是具有意義的差異。而「具有意義的差異」稱為「顯著性差異」。顯著性差異並非誤差，而是出現超出統計範疇的差異性，只要有上述認知就沒問題了。

## 4 建立模型（預測）

接著介紹最後一種輸出形式「建立模型」，簡稱建模。建模指的是結構化的意思。若以珍珠奶茶店為例，就是製作預測各性別和年齡層來店期間的推論。

圖表2-2的模型稱為「決策樹」（迴歸樹）像這樣的樹系模型可以輕易了解分析對象的特徵，以及所具備的傾向，所以是非常推薦的分析手法之一。以這樣的分析手法就能知道，應該以什麼方法，接觸什麼樣的顧客。只要知道顧客的屬性，就能預測出來

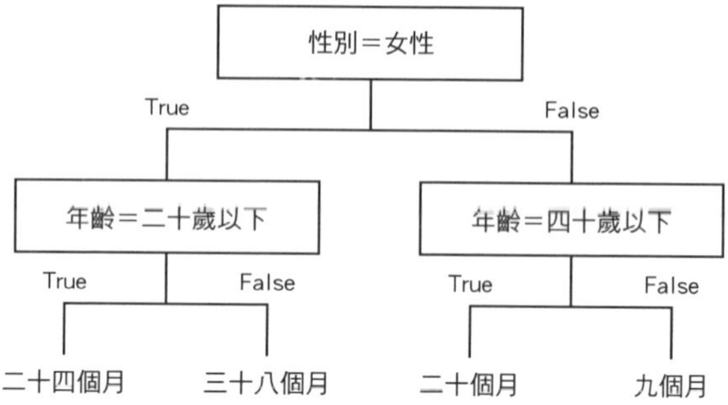

圖表2-2　決策樹（迴歸樹）

店光顧的機率。

目前為止我們整理了分析的輸出形式和假說的設立方法。通常分析的作法是：以假說為基準計算，針對和假說相同及不同的地方進行推敲，並實際了解商業現場發生的狀況。如此一來，就能思考下一步的對策方案。

## Design（設計）＝會做錯什麼？

Design步驟決定分析結果的輸出形式。雖說目的是為了讓結果吻合委託人的期待值，但仔細想想，在還沒進行資料分析的情況下，能否得出符合委託人期待的結果仍是個未知數。此時，這裡也出現一個陷阱：

事實上，結果不符期待的情況並不少見。

我曾經在分析委託的任務中有過這樣的經驗。當時我即使反覆計算，也得不出任何結果，也沒有任何可以向客戶報告的資料。當時我被委託人大罵了一頓「你花了那麼多時間，到底分析了什麼？」真的是有苦難言。

分析作業也可以稱為「資料探勘」（Data Mining）。「探勘」這個詞用於表示挖掘鑽石等高價值產物的作業過程。挖掘的地點若是沒有鑽石，就換個地點繼續。「為了達到這個目標而進行分析，但卻沒有得出任何結果」是再普通不過的事。這部分有個概念一定不可以弄錯，那就是：「無法得出結果」也是一項結果，也有其價值。如此一來，排除無效的領域或部位後，下次進行分析作業時就能切分需要分析的領域，也就是可以省略沒有結果的觀點分析，負責分析的人也可以排除無效的模式與方法，在下一次的Demand過程就能因此獲得回饋。

即使資料分析後沒有找到有用的洞察，也可將結果作為結論報告，並保存報告・整理在每個成員都能看見的地方，這點對組織來說非常重要。透過定義分析作業的重要條件，能賦予「這份資料以這樣的方式分析後，沒有得到任何結果」的報告意義。雖然實際上會以這種方法整理資料的人少之又少，但倘若某天要接手負責其他負責人的分析專案時，建議人家可以試著從前任負責人口中問出「沒有得到任何洞察的分析」的相關細節。

向對方報告「我什麼都不知道」需要勇氣，但資料分析的意義就是資料探勘，並不能保證一定能找到有用的洞察。若是委託人認為「你不覺得你說什麼都不知道太過分了嗎？」可以試著告訴對方：沒有結果的結果和下一次的分析案件其實息息相關。

## Design（設計）＝要從哪件事開始做？

Design步驟需要決定的內容，可以整理成「目的」「假說」「資料」和「方法」四個層面。

## 目的要明確化

雖然和Demand步驟有部分重複，但資料分析最重要的一件事就是將目的明確化。換句話說，就是弄清楚想利用資料分析解決什麼樣的課題。清楚目的後，和專案所有成員共享分析的價值，就能打造更具效果的商業影響力。此外，從目的開始切入有助於備齊達成目標所需的所有資料，是取得成果不可或缺的作業步驟之一。

## 假說的共識

將目的明確化，決定好分析重點後，接著就是建構假說。如果能像珍珠奶茶店的例子一樣提出假說，就能更輕易和委託人達成「要分析什麼」的具體共識。

## 資料的共識

資料對於假說的驗證是不可或缺的。雖然資料越多，能夠分析的主題也會隨之增加，但鎖定想要驗證的重點更為重要。若想知道業績走向，就必須要有業績的資料，若想知道各性別年齡層的消費趨勢，就需要有附ＩＤ[3]的業績資料。

若能證明假說的資料不存在，就必須確認是否有需要取得新資料，或是可以代替的資料，在這個階段能讓假說的驗證明朗化，得知「目前擁有的資料可以讓假說驗證到這個範圍」。

**Point**

先將可以馬上備妥的資料，以及需要花預算或時間蒐集的資料分門別類，再整理出達成目標所需的事物。這部分的詳細內容記載於下個章節。

## 方法的共識

釐清運用的資料可以導出什麼樣的分析結果的同時，還需要確認時間軸。發生錯認資料分析期間的狀況，頻率出乎意料的高，因此要留意客戶的需求會因為產業而有差異。例如對方可能會說「服務開始的這段期間的資料，好像不適合用來分析」，或是「這段期間沒有打廣告，所以不能拿來用」等等。所以在進行專案前，要與委託人取得共識。

首先，必須向委託人釐清：是只需要計算數值就好，或是還需要報告（考察）？建立模型時，也需要和委託人取得共識，確認是使用犧牲精密度，以迴歸分析為主，做出可以進行說明的模型；亦或是犧牲說明，使用類似深度學習這類無法進行說明的模型。

3 或是稱為ID-POS，即ID-Point of sales，附有客戶ＩＤ的銷售資訊。

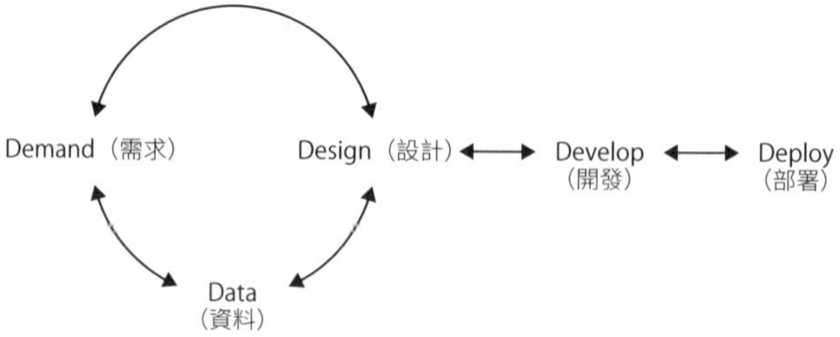


圖表2-3　流程示意圖

## Design（設計）＝總結

目的、假說和方法明確後，分析作業的架構也將定案。聽起來雖然簡單，但其實Design步驟是五個步驟中最複雜的一環。實際上在前一個Demand步驟和後一個Data步驟反覆來回的同時，製作分析作業架構的時間也會因此增加。也就是說，我們必須同時確認「分析委託人的需求」「交期」「人力資源」「其他工作事項的優先順序」以及「能觸及的資料條件」等內容（圖表2-3）。在實務上，大部分案件都是從接下來要說明的Data步驟開始，但若是Demand步驟草率帶過，容易發生「把方法當作目的」的狀況，並引發委託人的不滿。要記住：我們不是因為有資料，所以展開分析作業，請千萬一定要倒回Demand和Design步驟。

此外，判斷能否完成的簡易計算・也會在該步驟執行。確認資料不足，確認無法完成課題分析時，需要另外確保預算以取得新資料。如果沒有預算，則必須思考替代方案。

## 3 Data（資料）

### 誰做的資料？放在哪裡？同樣的資料，為什麼會出現差異？

### Data（資料）＝概要

如何取得能做為分析素材的資料是Data步驟的主要任務。即使Demand步驟已經確認了主要條件，但假說和方法也必須在Design步驟時定案，沒有資料就沒辦法分析。事實上，因為無法拿到想要的資料，導致專案中途腰斬的案例不在少數。在資料取得的過程中會碰到各式各樣的困難，根據情況不同，有些資料可能需要好幾個月，甚至數年才能取得。

## Data（資料）＝取得資料時，會碰到什麼問題？

在Data步驟中的「取得資料時」及「取得資料後」都可能遇到難題。首先是「取得資料」。接下來我們要破除大家對「資料」的誤解。

### 誤解 1 大不見得好

首先，必須思考公司內是否真的沒有資料。讀過大數據、資料科學和AI等相關文章後，許多人會陷入「資料量就是要大」的迷思之中。但事實並非如此，資料的需求量根據想知道的內容而有所變動。

以「天氣會不會影響業績？會影響到什麼程度？」為例要進行這樣的分析，我們會需要氣溫高低、濕度高低，或是氣溫高濕度低，氣溫高濕度高等氣溫搭配濕度的組合。以及風速、最高氣溫、最低氣溫和日照時間等各種不同情況下的業績資料。如果要分析這樣的主題，勢必需要如此大量的資料。

反之，若是運用問卷調查分析「某三項品牌，哪個品牌最受消費者喜愛」的案例來看，說得誇張一些，只要抽樣方法正確，即使只有四十人參與回答，也能運用統計學得有意義的結果。

由此可見，「資料量要大」在資料分析上並不具備絕對的優勢。

## 誤解2 不需要存進資料庫的理由

除了「資料量要大」這點之外，還有一項和資料有關的誤解。那就是對於作為資料分析所使用的「資料」的錯誤認知。

現今這個年代，每個人工作時都會使用到電腦、智慧型手機等裝置，而這些裝置都儲存了資料。所以應該說：「其實公司內並不是完全沒有資料」。

- 合約情報、購買紀錄、顧客情報
- 收支管理資料、每日交貨及庫存管理資料
- 詢問、客訴資料
- 人事資料、辦公室環境的氣溫及濕度等資料
- 機器稼動狀況紀錄
- 天氣資料
- 政府統計・網頁瀏覽紀錄
- 問卷回答結果

進行資料分析時，很多人所謂「沒有資料」的狀況，事實上並不是沒有資料，大部分都是因為沒有妥善保存分類，或是未能掌握抽取資料的方法而碰壁。

## 取得資料的管道

如果在理解資料的本質，以及需要什麼資料的情況下，仍然判斷「公司內沒有達成目標所需的資料」，此時可以透過取得公司外部的資料解決問題。例如，氣象局可免費提供每日氣溫和風速等相關資料，還有許多企業可以提供付費資料。

而以市場行銷調查公司透過各種以「螢幕」為媒介蒐集到的資料為例。具體來說，內容有電腦、行動裝置、電視等媒體接觸紀錄、意識及實際狀態問卷調查、統整每日消費者購買的商品資料（單一資料來源），以及將從手機位置情報取得的移動紀錄，作為統計情報的移動空間資料等。

另外，很多時候公司內缺乏的資料其實都掌握在客戶手中。製造商沒有零售業務，所以幾乎不會持有消費者的消費紀錄；但如果是協助自家公司銷售商品的零售商，理應會有消費者的消費紀錄。如果需要適切的資料，就要委託零售商的業務負責人，在取得對方的許可之後，還要注意不得觸犯個人資料保護法等等，必須跨越各式各樣不同關卡。取得資料這條路上困難重重，大部分都會因此受挫。

因此，可利用問卷調查作為取得資料的替代方案。現在很多公司都有提供網路問卷調查的服務，雖然或多或少還是需要掌握設計問題的方法，但就目前的環境而言，執行上算是相對簡單。

## 蒐集資料時的注意事項

向其他部門索取資料時，需要特別注意的一點是：每個部門保存資料的方法不盡相同。若單純使用Excel檔案管理，只要說句「我想要這個資料」就能理解，但如果是消費紀錄資料，或是稼動狀況紀錄[4]這一類資料動輒就是數百行，資料量極為龐大，所以需要相關專業知識。因此，很多人會覺得資料管理負責人「一下說ACCESS，一下又說資

4　稼動率（utilization）：實際工作時間和計畫工作時間（負荷時間）的百分比。

料庫」，因而被弄得團團轉，很多時候其實是因為大量的專業術語導致溝通無法順利進行，導致沒辦法拿到想要的資料。

雖然沒有一體適用的資料保存方法，但一般來說，如果顧客情報和合約情報是透過公司內部系統管理，使用的會是稱為關聯式資料庫（Relational Database，RDB）的資料庫。關聯式資料庫的詳細內容可以參考其他相關書籍，接下來要開始說明資料的取得方法。

## Data（資料）＝取得資料後

接下來說明資料到手後的部分。即使分析團隊已經順利拿到資料，未來還有可能會碰到幾個關卡，在此依序為大家說明。

## 不了解資料列代表的含義

雖然已經有資料了，但很多時候我們並不了解各列所代表的意義。遇到這種狀況時，代表我們應設法取得「資料定義表」。所謂資料定義表，就是用於說明各列所包含的資料、各列代碼值所代表的意義，以及被製作的形式（例如數字輸入或文字輸入）的表格。資料定義表不一定會被製作出來，即使製作也不一定會是最新的版本，有時我們只能從資料本身解釋各列的意義。

此外，即便列名是以看得懂的語言定義，很多時候卻無法參透原本命名的用意。舉例來說，被定義為「支出合計」的項目，我們沒辦法從名稱上得知，這個項目代表的意思是資料每累積一次就加總一次，還是指單次的合計數值。決定列名的人應該是依照業務內容命名，命名的意涵會隨著負責人的業務內容而有所不同。如果缺乏具體表示列名意義的參考情報時，最理想的方法就是直接詢問實際使用這份資料的人。

## 資料的問題1　沒有被輸入

雖然已有了資料，「但卻沒辦法直接拿來用」的情況並不少見。第一種狀況是「資料沒有被確實輸入」（雖有項目，但多數欄位都是空白）。

為什麼會出現這種「不完整」的資料，主要是因為即使沒有這項情報，也不會影響業務作業。舉例來說，最近許多超級市場和便利商店紛紛推出集點卡。在這個情況下，來店的顧客每次消費都會讀取一次集點卡，每個顧客的消費紀錄也都能被儲存下來。只要運用這份資料，就能分析出什麼屬性的顧客會購買什麼樣的商品。然而，當集點卡是發行給新顧客時，商家基於方便考量必須讓顧客馬上就能使用，因此有時候會讓顧客在後續再自行上網輸入性別等屬性資料。使用集點卡時，即使沒有性別、年齡資訊也不會有任何問題，所以屬性情報很容易維持在空白狀態。

另外，集點卡資料中，也會有輸入屬性情報後，該屬性的顧客沒有消費紀錄的狀況。當然會有輸入錯誤的時候，但即使資料都輸入正確，一張集點卡同時有好幾個人一起使用的情形也並不少見。雖然可以在收銀畫面顯示集點卡的性別及年齡，並確認使用者是否為本人，但對於需要在短時間內完成結帳的員工來說，把結帳時間拉得太長會導致顧客滿意度下滑，他們並沒有多餘的時間針對這些細節一一確認。

說實話，現階段並沒有任何補救方法可以解決輸入資料缺失的問題。

## 資料的問題 2　定義完全不同

即使資料有確實被輸入，然而很多時候卻有資訊參差不齊的現象。以汽車「車種」的欄位為例。假設持有的汽車是「Toyota（豐田）Prius 型號 E」，輸入的內容可能出現「Prius」、「Toyota（豐田）Prius」或「Prius 型號 E」等寫法。

如果是需要登記車種的租借停車場，只寫下「Prius」並沒有太大的問題，但若是汽車維修廠，情況會完全不同，至少得寫上「Prius 型號 E」，否則很有可能無法調來正確的零件。若負責輸入資料的人員了解自己是基於什麼原因輸入汽車的名稱，他們就會清楚這份內容必須記錄到多詳細，但並不是每個人都了解箇中原因：因此可能將拿到的資料內容直接輸入電腦，或是直接輸入電話上提到的資訊。如此一來，情報量就會因為輸入人員而有所不同。這是人工輸入必然會發生的問題。但輸入資料時若設下過多限制，可能會影響到負責人的主要工作（服務顧客等），反而變得更沒有效率。

有兩個方法可以解決這項問題。其中之一就是幫輸入的人排除掉不明確的內容。具體來說，以豐田車款的輸入資料為例，可以將車種名稱改為選擇題，讓輸入人員從選項中選取，而汽車廠牌和型號則另外設置輸入框。另一種方法則是分析時對資料進行加工。第一種方法超出本書的內容範圍，所以在此不多做說明，而第二種方法則會在下一個Develop步驟解說。

## 資料的問題3　只有寫在紙上的資料

只有文書資料指的是只擁有記載在紙本上的資料。舉例來說，雖然確實找到記載顧客期望的資料，能夠藉此了解顧客需求，但這些資料全是交由顧客自由填寫的問卷。以這種狀況來看，要對資料進行加總或平均值的計算分析（定量分析）非常困難，但這是有解決方法的。

其中一個方法是，如果資料份數不多，可以逐行閱讀這類的文書資料，大約讀五十份至一百份，就能大略知道哪種種類的內容佔多數。寫下類別後，剩下的紙本資料只要大略看過判斷內容就能進行分類。如果想要盡量減少分類時產生的錯誤，可以讓三個人讀同一份文書資料並各自進行分類，三個人之中有兩個人以上分類成相同類別才會採用。若有一千份都被分類到某個類別，就表示可以將這一千份作為該類別的資料，進行定量分析。

另一個方法是使用一種稱為「文字探勘」的資料分析手法。適合用在文書量大，無法以肉眼分類的情況。文字探勘中，有一項技術是以數量最多的模式作為統計基準，自動進行分類。市面上有能夠輕鬆執行文字探勘的工具，各位讀者可以使用工具嘗試看看。

進行文字探勘時，要注意幾項重點：首先，判斷是否有必要閱讀完所有文字。舉例來說，如果要找出顧客需求種類中數量最多的前三名，這時只要隨機選出五百份問卷並以肉眼分類，即可大致抓出方向。若是需要從問卷中選出五十位優良顧客，則必須讀完所有的問卷，如果問卷數量高達一萬份，就需要運用文字探勘等技術。

## 不適合的資料

有時候也會發生好不容易把資料拿到手，卻發現這份資料並不適合作為分析素材的狀況。以「運用超級市場的零食消費紀錄資料進行的消費者零食愛好類型（巧克力、和菓子、洋芋片等）分析為例。假設出現「四十歲至四十九歲女性洋芋片的購買率很高」的結果，是不是就能做出「四十歲至四十九歲女性喜愛洋芋片」的判斷？事實上並不能如此斷言。原因在於，來店消費的四十歲至四十九歲女性中，有些人是自己想吃而買，也有些人可能是因為小孩喜歡而買。如此一來，喜歡洋芋片而購買的人就會變成兒童年齡層。

以超級市場負責人的角度看來，實際消費的顧客確實是「四十歲至四十九歲女性」，對他們來說，得出「四十歲至四十九歲女性洋芋片的購買率很高」的結論是有用的分析結果。反之，對於零食製造商的新商品負責人來說又是如何呢？若以這項分析結果作為根據，原本應該以小孩為客群開發洋芋片的口味，但可能會因此誤將四十歲至四十九歲女性當作目標客群。以此類推，當目的不同（藉由改變商品陳列方式提高業績、開發新商品），超級市場的消費紀錄資料也有可能不見得適合作為分析素材。

## Data（資料）＝做這三件事，取得資料

Data 步驟會按照下述三個階段進行。

1 考量達成目標所需的資料
2 找出可能可以取得的資料
3 委託取得資料

## 1 考量達成目標所需的資料

考量達成目標需要哪些資料時，必須先掌握「目前已取得哪些資料」「從每項資料中可以得知什麼情報」。確認取得的資料時，有兩點注意事項：一項是「資料的種類」，另一項則是判斷「是原始資料，還是加工過的資料」。

只要是記錄下來的情報全都可以稱為資料。若以資料分析的觀點，可以分為紀錄資料、報稅資料和紀錄簿類資料（圖表2-4）。至於像是日報等自由書寫的文章，同樣也屬於資料的一種。

| 種類 | 概要 | 案例 |
|---|---|---|
| 紀錄資料 | 顯示機器運作及狀態，記錄人的行動 | 工廠的感測器資料、移動紀錄、消費紀錄、瀏覽紀錄、電子郵件、社群軟體 |
| 報稅資料 | 記錄合約等相關報稅情報 | 問卷、申請書資料 |
| 紀錄簿類資料 | 人為記錄的業務管理相關情報 | 收支管理、顧客服務中心、日報 |

圖表2-4　資料的種類

能夠用於資料分析使用的資料，並不一定要是「直接被記錄下來的資料」（原始資料）。很多時候，即便是採用這些資料的總計數值來進行資料分析也綽綽有餘。舉例來說，要將每月業務成績彙整於報告書時，會拿到每月部門內部收支報告書，倘若過去幾年都有持續記錄，就能藉此得知哪個月份的平均業績穩定成長，也能掌握到能夠改善收支狀況的活動類型。

另外，如果各分店有累積數年的每月收支報告，就可以將各分店劃分成幾個區域，藉此了解各區域在什麼季節收益會提高，掌握「區域×時期」和收益間的關聯性。

我選了幾個案例說明透過這些資料所能得知的資

| 目的 | 適合的資料的範例 |
|---|---|
| 發掘商品和服務的目標客群 | 消費紀錄資料 |
| 展店計畫之展店地點評估 | 人口動態資料 |
| 消費者針對商品和服務的評價 | 社群軟體（社群聆聽資料）、問卷資料 |
| 機器異常的事前檢測 | 機器的感測資料、稼動狀況紀錄資料 |
| 掌握家電製品的稼動狀況 | IoT感測紀錄資料 |
| 發覺顧客不滿以利提升品質 | 顧客服務中心的對話紀錄資料 |
| 發覺利於業績提升的業務活動模式 | 業務日報 |

圖表2-5　各種案例所適合的資料

訊，同時附上各案例的目的，將內容整理於表格內（圖表2-5）。目的不同，需要的資料也會不同，藉由上述的整理方法，可以思考哪些是達成目的所需的資料。

## 2 找出可以取得的資料

接下來是取得我們判定需要的資料。正如Design步驟所提及的，我們不一定能拿到最適合的資料。有些資料可能需要花費預算或時間才能獲得，所以必須先釐清可以拿到哪些資料。而除了內容，同時也需要將資料取得的難易度納入考量，分辨入手的難易度，並以此決定優先順序。基本上，判斷取得難易度的基準為「獲得許可的簡便度」「利益相關者人數」「資料的管理方法」和「能否免費取得」。

**獲得許可的簡便度**：取得資料，是否只需要得到幾個特定對象的許可即可。例如：自家工廠的感測器資料，因為只有公司內部使用，所以只需要獲得負責部門的許可就能取得；但若是零售商顧客的會員卡消費紀錄資料，就必須獲得每位會員的使用許可授權。以該狀況來說，除了必須耗費逐一向每個會員取得許可的工夫外，還需要花費時間和成本。使用資料時，是否可以便利的取得許可，是判斷入手難易度的基準之一。

**利益相關者人數**：即便是不需要取得使用許可的公司內部資料，只要取得資料以前牽涉的負責人越多，就會花費越多時間。

雖然知道資料隸屬於哪個部門，但詢問該部門時，卻得到「資料的管理屬於ＩＴ部門的管轄範圍，所以要請你先去問過他們」的回應；但聯絡ＩＴ部門後，對方又說「如果要使用這份資料，需要先向法務部門確認」；拿到法規部門的使用許可授權後，卻發現資料實際上是由集團子公司保管，所以必須回到法務部門，請求協助調整授權的內容。而若要從集團子公司拿取資料，還需要額外製作作業申請書，並且取得公司內部長級以上長官的承諾才行……通常在這種環境下，公司內各部門負責人的作業速度大多非常緩慢，所以會非常耗時。一般而言，利益相關者（相關部門和負責人）越少，越容易提取資料。

反之，若是向販售資料的公司取得資料，雖然需要花錢，但許多合作形式都是只要和企業簽署年度合約，登入該企業的網站就能自由取得資料，所以有時和資料公司合作，反而能節省作業時間。

**資料的管理方法**：資料是否被彙整成能夠進行資料分析的狀態。舉例來說，資料若是保存在關聯式資料庫中，就能簡單抓取資料。如果只有紙本資料，要運用電腦進行資料分析時，就必須人工輸入Excel，將資料電子化。

**能否免費取得**：取決於資料的持有對象。公司內部的資料大致上都能免費取得。而以外部的資料來說，如果是國家統計局所提供的資料等也幾乎都是免費。雖說民間的資料有使用範圍限制，但在限制範圍內也有能夠取得的資料。此外，雖然有各種不同的計費方式，但付費資料必須向持有資料的企業購買，這部分會在後面的章節進行說明。

資料是否容易入手，大部分情況下是沒有辦法在事前得知的。可能會遭遇到在聯絡持有資料的部門後，被當成皮球般踢來踢去，像這樣資料到手的過程比想像中還要麻煩許多的狀況並不少見。因此，在製作計畫表時也需要將這點納入考慮，或是碰到狀況後再重新製作計畫表，不再將一次取得所有資料作為目標；而是選擇能馬上使用的資料，再繼續往下一個步驟進行。

現在針對一般企業部門持有的資料概況，以及公司外部可供參考的資料進行說明。首先是公司內部的資料（圖表2-6）。

公司內的資料以各種不同的形式保存。像是消費紀錄這類每天自動更新的資料，大

| 部門 | 持有資料範例 |
|---|---|
| 廣告宣傳部門 | 網站的訪問紀錄 |
| 業務・銷售部門 | 收支、決算、客訴資料、顧客資料 |
| 總務・人資部門 | 人事資料、公司內部環境相關資料 |
| 製造部門 | 機器製造紀錄、機器維修紀錄 |
| 研究開發部門 | 實驗驗證資料 |
| IT部門 | 將上述資料儲存於資料庫內 |

圖表2-6　公司內部資料範例

多是以可以快速輸入、查詢和計算的結構建構而成，而根據資料類型的差異，有些會以Excel或CSV（以逗號分隔取值的格式，可以用Excel或記事本等軟體打開）的檔案形式儲存。首先先找出持有管理檔案的部門，如果是以Excel或CSV的形式儲存，可以直接向該部門取得檔案，但若是保存於資料庫中，則需要委託管理負責人協助抓取資料。

接下來是公司外部資料。既然有免費的資料，當然也有付費資料，來源包括其他企業持有的資料，以及由國家或地方公共團體持有的資料，種類非常多元（圖表2-7）。

付費資料的價格方案分為月費、年費等幾種形式，

| | | |
|---|---|---|
| 免費資料 | 國勢調查 | 統計局（可透過e-stat網站取得） |
| | 人口推估 | |
| | 國民生活基礎調查 | |
| | 商業統計調查 | |
| | 交通感測 | 國土交通省 |
| | 氣象資料 | 氣象廳（氣象公司也會販售） |
| | 地圖資料 | 國土地理院 |
| 付費資料 | 行動空間統計 | docomo 行動空間統計 |
| | 消費紀錄 | MACROMILL. inc（QPR）、INTAGE.inc（SCI） |
| | 網頁紀錄 | VALUES. inc |
| | 業界調查報告 | 矢野經濟、富士經濟集團 |
| | 企業經濟情報 | SPEEDA |
| | 企業信用調查資料 | TEIKOKU DATABANK. LTD、SHOKO RESEARCH. LTD |

**圖表2-7　公司外部資料範例**

金額從數十萬日幣到數百萬日幣。畢竟價格不菲，剛成立的部門又幾乎沒有預算，所以大部分的人都下不了手。因此會盡量找免費的開放資料進行資料分析，若仍然有其他資料需求，再選擇向資料持有公司購買。雖然費用會依提供服務的公司而有所不同，但可以透過下述的方法降低費用：

- 限定部分地區或時期的資料。
- 減少資料的行數。

剛開始著手資料分析時，通常並不會馬上就需要用到全國的資料。即便是遍及全國的企業，大多數也會有市場佔有率高和市場佔有率較低的地區。若想透過資料分析奪下新地區的市場佔有率，我認為只需要鎖定該地區的資料即可。但要特別注意，如果可以找出一個同等規模（人口和經濟規模）市佔率的地區作為比較對象，分析會更準確。

再者，雖然資料種類的不同會產生差異，但若像是消費者的消費紀錄這類和人有關聯的資料，可以藉由減少人數壓低資料使用費用。雖然取得一百萬人的資料就能知道所有消費者的動向，但現況是只需要知道自家商品的購買率就好的話，那麼只要不是銷售量極差的商品，一般配合人口分布，大約只要一千人左右的資料，就能抓出大概的方向。

## 3 委託提供資料

接下來將說明拿到資料時的相關程序。讀者們可能會感到意外，公司外部的資料竟然能如此輕易就能取得。相對來說，公司內反而存在很多繁瑣的步驟。

以公司外部來說，如果是販售資料的公司或統計局的資料，他們會以提供某程度的資料做為前提，所以取得資料前需要的手續和合約方法等都非常明確，整體過程相對順暢。如果是公司內部，因為鮮少會有以提供資料為前提的狀況，所以過程不像外部一樣順利。因此，接下來要向各位說明請公司提供資料時的委託方法。

雖然使用許可和公司內的授權手續應按照各公司的規定辦理，但若要順利取得資料，對負責的部門來說，光是配合找出資料便勢必需要一定的作業流程。如果是很習慣各部門間互相流通資料的公司，過程會很順利；但若不太有這類機會，又認定提供資料對自己部門也沒有好處，人員的態度通常都會比較消極。有些人會直接說「根本是在增加我們部門的工作量」，也有些人僅止口頭答應「我會處理」，但卻看不見對方有任何行動，取得資料可說是遙遙無期。

倘若各部門長時間都是處於互相合作的關係，進展會相對較為順暢。但即便如此，事前明確傳達出「對該部門會帶來什麼樣正面的影響」的訊息仍非常重要。以經常管理資料的系統部門為例，通常大家對於系統部門的看法都是著重於維持公司內部系統的安定，但卻不曾針對他們所保管的資料能應用在市場行銷和經營戰略上給予正面的評價。因此如果能夠向系統部門說明：靈活運用系統部門管理的資料，除了能為營運判斷上帶來幫助外，部門本身的評價也會因而上升，或許就能因此得到他們的認同。

假設我們已經委託負責的部門提供資料，並且得到部門主管的許可，接下來就是向負責人傳達明確的需求。而根據不同的資料形式，委託方法也會有所不同。

Excel檔案的資料，只需要請對方提供每份檔案即可；但如果檔案是因為某個工作需求製作而成，有可能是由特定人員輸入，導致我們無法了解這份檔案的內容。這時候就要請製作檔案的人協助說明。

反之，如果可以將顧客情報和契約情報輸入公司內的系統，資料通常是儲存在關聯式資料庫裡。若是這種狀況，則需要執行以下三個步驟。

步驟一：取得資料定義表
步驟二：告訴對方想要什麼樣的資料
步驟三：確認接收資料的方法

## 步驟一　取得資料定義表

建構資料庫時，通常會製作一份說明資料形式，以及各列儲存什麼資料的資料定義表（或是表格定義表）。請先向負責人索取這份資料，溝通時只要和負責人說「請給我○○表格的資料定義表（或是表格定義表）」，對方就能理解了。接下來，可從中尋找是否有需要的列名。舉例來說，為了找出對象商品的目標客群，所以需要取得集點卡的消費紀錄資料時，只要有「顧客ＩＤ」「商品名稱」「日期」「購買數量」「價格」和「顧客性別及年齡層」，就能預想出什麼性別和年齡層的消費者經常購買對象商品。

實際取得資料到手需要花費時間，但資料定義表大多是Excel檔案或PDF形式居多，所以對方通常都能馬上將檔案寄出。只要看過這份資料，就可以確認有沒有自己想要的資料；同時也能避免「在取得資料後才發現不是自己需要的資料」這種浪費雙方時間的狀況。

## 步驟二　告訴對方「想要什麼樣的資料」

以明確的傳達方式告訴對方想要什麼資料，可以縮短資料的取得時間。但在此之前要有一個認知：從資料庫抓取資料的動作會對系統造成負擔，也因為如此，抓取資料才會這麼耗時。公司內經常會有人在共用系統上輸入或是搜尋資料，必須避免抓取資料導致系統處理速度變慢，所以需要在上班時間以外的特定時段（如上班之前、下班之後這種非勤務時段）進行。

經過衡量評估後，可以排除不需要的部分，再委託對方提供資料。資料庫裡包含許多業務上需要的列項目，但分析資料時並不需要全部的資料。因此只需要界定需要的列項目後，再提出委託，就可以大幅縮短資料抓取的時間。理解資料庫裡包含資料，更能提出正確的需求。

有些時候關聯式資料庫會將一連串的情報分別儲存於數個不同的表格，因此必須避免遺漏任何需要的資料。以圖表2-8為例，這是一般管理顧客、消費紀錄和商店情報的資料庫架構。如果這時候判斷「需要的資料是消費紀錄資料」，提出「我需要消費紀錄表格的資料」的委託，內容就不會含有顧客相關的資料。習慣使用Excel的人或許會認為「為什麼要刻意將資料放在別的表格呢？」但關聯式資料庫的建構模式就是如此。

除此之外，有件可能只有資料管理的負責人才知道的資訊：有些時候業務上不需要的資料或是更新前的資料也會存在於資料庫內。如果不明白這點，就有可能會加總到錯誤的資料，或是不小心重複計算。這類型的資料可以藉由「更新時間」和「邏輯刪除標記」的項目名稱判斷。在抓取資料時，請記得向資料管理的負責人確認資料項目的定

資料庫裡有許多被稱為「表格」的資料

稱為「列」（這一列是「入會日期」）

顧客表格

| 顧客ID | 入會日期 | 性別 | 出生年月日 |
|---|---|---|---|
| 1000 | 2020/1/1 | 女 | 1991/5/10 |
| 1001 | 2020/1/2 | 男 | 1951/10/30 |
| 1002 | 2020/1/3 | 女 | 2001/2/1 |

稱為「行」

各個表格裡都會有能夠結合兩張表格的列（主鍵列）

消費紀錄表格

| 購買日期 | 顧客ID | 購買商品 | 數量 | 價格 | 商店編碼 |
|---|---|---|---|---|---|
| 2020/5/1 | 1000 | 高麗菜 | 1 | ¥80 | A1 |
| 2020/5/2 | 1000 | 蛋 | 3 | ¥200 | A1 |
| 2020/5/2 | 1000 | 牛奶 | 1 | ¥150 | A1 |
| 2020/5/2 | 1001 | 馬鈴薯 | 1 | ¥90 | A1 |
| 2020/5/2 | 1001 | 紅蘿蔔 | 1 | ¥80 | A1 |

商店主表

| 商店編碼 | 開店日 | 場所 |
|---|---|---|
| A1 | 2020/1/1 | ○○市 |
| A2 | 2020/4/2 | △△區 |
| A3 | 2020/2/3 | ××町 |

通常會有一份表格彙整某列的編號數值，而這份表格稱為「主表」。

圖表2-8　一般資料庫的結構

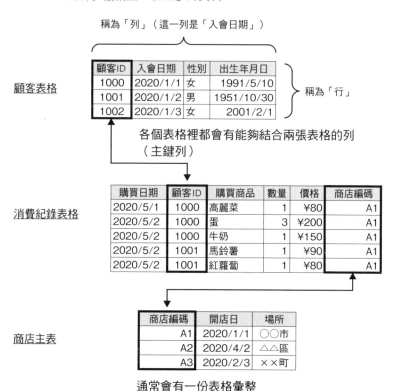

義。

另外一個方法是，在習慣關聯式資料庫的建構模式後，請對方開通的使用權限，讓我們直接使用資料庫。雖說操作結構化查詢語言（ＳＱＬ）等資料庫需要理解資料庫語言，但理解後除了資料定義表外，還能直接確認實際的資料內容。

### 步驟三　確認接收資料的方法

最後一項是資料的接收方法。附件檔案通常都有限制檔案大小，所以資料量若太大，將無法使用電子郵件接收。公司內的系統若足夠完善，就可以儲存在公司內所有員工都能使用的共用資料夾內。但系統若是無法支援，只要公司內沒有特別規定，就可以運用雲端服務（Google Drive、Dropbox等），或是請對方存進ＵＳＢ、外接式硬碟後再提供。

此外，拿到資料後會將檔案移到自己的電腦或共用伺服器上，但可能會有電腦或共用伺服器性能太低（硬碟容量太小等）的狀況，導致「雖然拿到資料了，但沒有地方可以保存」的問題發生。因此取得資料前，必須事先確認資料容量和接收方法，以調整資料儲存位置。

## Ｄａｔａ（資料）＝總結

從資料到手到將資料處理成可以用於資料分析的素材為止，會遇到各式各樣的困難。具體來說，會有無法取得資料、取得資料時受限於組織的限制、拿到資料後，卻發現不適合使用，以及分析前必須先將資料進行處理等重重關卡需要跨越。

請讀者們先和我們一起複習Ｄａｔａ步驟的作業順序。

1 考量達成目標所需的資料
2 找出可以取得的資料
3 委託提供資料

第1點是根據Design步驟所彙整的內容，整理出具體需要的資料。第2點是從公司內和公司外各別能取得的資料中，挑選出需要的資料。第3點所談的是如果資料可由公司內部取得，則需要向該部門進行交涉，執行抓取資料的相關手續，若資料需由外部取得，則必須考量如何在預算內拿到需要的資料。

完成所有Data步驟後，最好是可以盡早拿到資料，往下一個Develop步驟推進。因為當進行到Develop步驟，完成資料分析後，大多會得出「再抓一次資料比較好」的結論。所以與其等到資料蒐集齊全後再進行下一步驟，不如先從能輕鬆入手的資料開始進行分析。

# 4 Develop（開發）

## Develop（開發）＝概要

透過目前為止說明的內容，我們已經構想出符合目的的輸出形式、獲得了公司內外的協助，也取得了資料。材料已經備妥，資料分析即將在Develop步驟進行。

若以料理比喻，Develop（開發）這一步驟相當於動手調理食材，同時也是最令人開心的步驟，我想大部分的讀者都是抱持著「準備好好大顯身手」的氣勢迎接這個瞬間。若要順利執行Develop步驟，如何運用工具，選擇環境，達到適才適用這點非常重要，不用刻意準備高難度又昂貴的工具。以料理來說，如果為了切魚而買了高級刀具，但卻不知道切魚的方法，或是買了附有蒸氣烘烤功能的高功能微波爐，但卻只使用微波功能，最後也只是浪費錢而已。

資料分析也是如此，分析必須具備技術和知識，而如何在技術、知識和工具的使用間取得平衡也非常重要。在料理這門學問中，如果要乾脆俐落的殺魚切魚片，只要拿到合適的專用工具，就算是新手也能輕鬆辦到。若要開始進行資料分析，建議可以先從整備適合用於進行Design步驟所決定的輸出形式的工具和環境開始。

## Develop（開發）＝從「工具」到「人」，可能都會碰到問題

### 從最普通的方案、最微小的機能開始

一般來說，大多數人都認定「資料科學家」具備高超的程式設計能力，但近年來資料分析的需求提高，不需要優秀的程式設計能力也能進行資料分析的工具逐年增加。市

售的收費工具多半是根據使用人數而調整金額的訂閱制模式，所以未來若要進行資料分析，一開始只要選擇最普通的方案，就可以用最低限度的金額達到分析的目的。

尋找工具時，希望讀者們可以留意「透過ＡＩ自動分析」的工具。雖然我沒有否定這類工具的意思，這項類別裡，優秀的工具也非常多，但在接下來開始進行資料分析的階段，大部分情況並不需要這項功能。對於剛開始使用者，或是不那麼熟練的人來說，如果能了解如何對資料進行加工、運用什麼方法分析統計資料，會是比較好的做法。

## 只看書不動手

資料分析時常犯的錯誤模式是只在腦中空想。說起來，這是因為大數據ＡＩ熱潮，相關書籍如雨後春筍般推出，書中也解說各式各樣不同的分析手法。

閱讀這些書籍確實能增加知識，但理論和實際運用是完全不同的。針對重點內容除了要理解理論外，同時也需要實際操作。相信透過我們在前面提到的做法，學習會更有效率，也比較不會感到挫折。

## 「結論」怎麼來？

先前的章節已經提及：最近有些分析工具附有「自動數值預測功能」，這項功能只要決定需要輸入的數值和想要預測的數值，就會自動製作出最適合的模組，預測的精準度也不在話下。而這種功能的缺點是：容易導致我們無法找出導出該結果的關聯性。簡而言之就是淪為黑箱作業。

舉例來說，商品的營業額牽涉到各式各樣不同的要因。例如價格、商品包裝、品質是屬於商品本身的因素；什麼區域可能已經進貨該商品，商品陳列於店面內的什麼位置屬於賣場的因素；花多少錢宣傳打廣告、廣告是什麼樣的內容，則是廣告因素。除此之外，還有景氣、流行趨勢和稅金等環境因素。這些因素都會在實際層面上影響到商品的營業額。再加上這些因素相互影響，關係複雜。在這種情況下，若使用「自動數值預測功能」預測未來的業績，雖然仍能得出精確度極高的預測結果，但因為各項因素都被組合得複雜難解，最後反而搞不清楚什麼因素有利於提高營業額。

預測未來的業績並非不重要，但大多數人更想要知道的是：若是要提高營業額會碰到什麼課題、應該掌握哪個部分、需要如何改善，同時也希望負責的部門能正確應對。若以這樣的脈絡思考便會發現，容易淪為黑盒子的自動數值預測功能並不是適合的工具。當業績下滑時，如果無法明確知道是廣告的因素，或是商店的問題，那麼是廣告負責人或是商店負責人都將束手無策。

自動數值預測功能適合用於不需要知道因素，只需要知道預測結果的情況。舉例來說，藉由身體的動作判斷是否為危險人物，或是鎖定可能會退會的會員。若是這類即使不知道原因也無所謂的情況，就非常適合使用自動數值預測功能。

雖然這稱之為「自動數值預測功能」，但近幾年來和大眾口中的「ＡＩ」幾乎是相同的意思。查詢資料分析的相關資料時，我想應該會連結到「ＡＩ解決方案」或「ＡＩ

工具」等相關服務。但在進行資料分析時，不能因為看起來很方便就盲目使用，必須退回Demand和Design步驟，判斷這些服務是否適用。我想表達的並非絕對不可以使用AI服務。而是建議在新手階段，可以先建立加總合計這一類比較基礎的分析手法後，再運用預測機能。

## 只提出無法進行的「策略」

經由資料分析導出下一步應採取的行動時，如果是自己負責的業務內容，因為了解現場的狀況，所以提出不合理要求的機率相對較低。但當分析的內容不是自己負責的業務範圍，而是由其他部門負責時，因為不了解負責部門的現場實際狀況，便容易提出過於理想化的提案。

舉例來說，在使用過去的資料預測市場行銷策略改變後的業績時，因為坐在電腦前無論改變條件幾次，都能模擬預測；所以在實際與同仁會議時，便會不假思索的提出

「將所有市場行銷策略試過一輪，找出哪一個方法最有利於提高業績」的提案。雖然這是非常極端的範例，但令人意外的是，提案「花費大把經費執行行銷策略」的人相當的多。這種時候只會在負責人破口大罵「這種事我也知道！就是因為做不到才煩惱啊！」的情況下收場。在這樣的情況下，建議不要只是將業績和花費的經費這類互相矛盾（Trade off，抵換關係）的因素納入，同時也必須納入次要的方案，如此一來討論才能繼續下去。

## 光知道%數沒有用

報告資料分析時很常發生的另一個狀況是：只突顯或延伸某個數值。例如：向上層報告「就算實施某個策略，成效也只有上升〇%」時，完全無視引導出該預測結果的前提條件和準確度，只向其他部門傳達了數值這樣的結論，可能會造成策略負責人與資料分析人員之間的衝突。事實上，若分析結果有一定程度的精確度，以這個數值向公司進言是為了公司著想，這件事本身並沒有問題，但需要思考的是傳達方法。

單純呈現實際情況的數值無傷大雅，但預測值說到底也只是存在發生的可能性，因此報告時必須小心注意。此時，不應該著眼於預測值的數值，例如可以界定A和B兩種策略，並把報告方向設定成藉由討論兩者的優缺點，進一步建議該採取哪一種策略。

## 委外不順

最近出現了資料分析業務外包的公司。當被上層下達「給我想辦法活用資料」的嚴格命令時，自然會想委託聚集眾多資料分析專家的公司協助，但失敗的案例不在少數。許多企業即便委託專業機構進行分析，最後發現只是耗費彼此的時間和金錢的狀況也不在少數——不是什麼成果都沒有，就是報告書做好了，卻被束之高閣，可說是令人遺憾的結果。

當然，委託資料分析公司進行分析並不一定都會以失敗收場。但若不清楚資料該解決什麼課題，那麼問題就是出在委託方。但就委託方而言，若負責分析資料的人員很少，甚至只有一個人，那麼需要商量對象也是無可厚非。但即使如此，也不需要馬上委託其他企業協助，希望各位能先實際嘗試進行一次本書建議的5D框架。透過這個方法，可以了解自己能做到什麼程度，同時也能明確知道哪個部分還需要加強。如此一來，就能清楚知道該將什麼部分委託給其他公司執行，也能藉此選出最合適的委託對象。

委託外部企業時，也不能將問題全部丟給對方處理。應該先確認清楚自己無法做到的環節，再將這部分委託出去。舉例來說，若是無法將文章資料做成能夠分析的形式，就只需要向分析公司委託這項作業即可。如此一來，就能減少多餘的費用支出。

以下為常見的失敗委託模式：

- 職責劃分曖昧不明：在哪些作業委外，哪些作業由內部負責都不清楚的狀態下進行專案。
- 委託內容背離實務、不切實際，分析後的結果，當然也無法使用。
- 提案時表示「預測結果精準度高」，實際執行後卻發現精準度沒提升多少。

除了以上的三點之外，另外還有分析公司的技術能力不足以及自家公司提供的資料太少（或是無法提供）導致無法驗證等原因。

## 「資料分析」委外的注意事項

接著介紹委託外部資料分析公司分析時的注意事項。

首先，對於分析公司的業務負責人所說的話絕不可囫圇吞棗，盲目聽從，以「怎麼可能達成」的心態聽對方說話即可。先明確表達我們碰到什麼樣的課題，委託對方提出能夠解決問題的方法。如果需要使用自家公司的資料，可以將資料定義表和樣本資料交給對方，並請對方提出更具體的解決方案。提案時如果能直接和對資料分析瞭若指掌的負責人對話，可以優先詢問對方具體能做到哪些事。

必須留意說出「ＡＩ什麼事都做得到」的公司。如果想藉由資料掌握現狀或是找出要因，即使不使用ＡＩ也能得出結果，所以可以從各式各樣的解決方案中選擇合適的方式。

以下為委託外部分析公司進行分析時的幾項重點，供讀者們參考。

Point

### 「委外分析資料的重點」

- 使自家公司課題明確化（如果有假說，也確實告知）
- 備妥資料，事前提供樣本資料。

- 向對方確認使用什麼分析方法，以及資料輸出形式。
- 確認可能會需要花費較多時間的作業內容。
- 明確劃分行程表和職責。

## Develop（開發）＝步驟一　打造分析環境

Develop階段會按下述五項程序執行。但從步驟一開始到從步驟五的流程，不一定只會進行一次就結束，會特別著重於步驟三及步驟四的部分，來回反覆分析資料、討論，藉此提高結果的精確度。

步驟一　打造分析環境；
步驟二　檢查資料；
步驟三　加工及分析資料；
步驟四　編造提交結果時的故事；
步驟五　會議討論時，善用視覺化工具提交結果。

即便已經順利取得資料，若缺乏工具便什麼也做不了。若以料理比喻，就是只有食材，卻沒有廚房、沒有調理工具的狀態。因此，首先要打造出能夠進行資料分析的環境。

基本中的基本是Excel。雖說是資料分析，但執行的基本作業是將被稱為表格的資料互相組合計算，因此用來計算表格的Excel軟體就是執行資料分析工作的一員。然而，這並不代表所有的資料分析都能運用Excel輕鬆完成。因此，首先必須整理出哪些資料適合使用Excel，哪些不適合。

為了避免各位誤解，在此先告訴各位：事實上被稱為資料分析的作業內容，大部分都能運用Excel完成。只要將Excel高階函數相互組合，再搭配運用稱為Excel巨集的程式，即可完成大部分的作業。但若想熟悉使用方法到能靈活運用的程度，則仍需要花費一定的時間，因此新手使用專門的資料分析工具才是上策。

舉例來說：若以分量來看，只要符合下面任一項情況，各位便可以考慮導入資料分析專門工具。

● 資料行數或列數超過數十萬

⬇資料量過於龐大，將導致Excel的計算速度變慢。

● 想要進行多變量分析或文字分析

⬇雖然部分的多變量分析（迴歸分析等）只要運用分析工具也能透過Excel完成，但完整度仍然有限。

● 將各式各樣的條件製作成大量圖表，希望盡早確認各圖表有什麼樣的資料內容

⬇用Excel進行的話，需要一定的技術。

● 想以各式各樣的方法呈現資料視覺化（像是在地圖上繪製計算結果等）。

⬇基本的Excel圖表能做到的範圍有限（若是使用高手製作的Excel動態視覺化附加元件，沒有做不到的事，但要能靈活運用，門檻有點高）。

Excel的主要優點是可以一邊看著資料一邊計算，而且可以和PowerPoint和Word相互兼容，所以資料製作起來很非常輕鬆。若資料不多，需要計算的項目也很少，使用Excel就足夠了。此外，下述情況我認為也很適合使用Excel。

- 想要一邊確認資料，一邊進行資料加工
- 只需要運用透視表進行樞紐分析
- 製作和編輯圖表主要是貼在PowerPoint使用（不需要額外製作大量圖表）

資料分析工具有很多種，根據不同用途，適合的工具大致可以分為幾種類型。

- 以計算（計算件數、求平均值或最大值等）為主，想在圖表上多下點工夫的話是「視覺化分析軟體」；
- 除了計算之外，還需要分類、預測使用者；
- 找尋要因的話，則是「統計解析軟體」；
- 主要只想要預測，則建議導入「機器學習自動化軟體」。

話雖如此，但不需要因為想做的事情很多，就一口氣全部導入。各項軟體都需要花錢（尤其近來大多都是年繳費用的訂閱制，無法直接買斷）。大多數的企業應該是沒有預算，也沒有意願全部導入。雖然資料的運用與否取決於資料分析的知識和能力，但若是至今為止公司不曾透過資料分析進行決策，推薦可以導入「視覺化分析軟體」，以視覺化作為開始的第一步。

## Develop（開發）＝步驟二　檢查資料

資料拿到手後，必須先檢查是否可以用於資料分析；但也有順序相反的時候，也就是必須實地進行資料分析，才能知道資料是否合用，所以接下來將介紹最初階段時應該檢查的項目內容。在檢查之後，若發現有疑慮的部分，就要在開始資料分析前，委託資料抓取負責人重新確認一次。

1 確認資料的新鮮度、偏頗狀況及粒度；
2 確認資料量；
3 確認資料形式。

## 1 確認資料的新鮮度、偏頗狀況及粒度

如果要調查近幾年的趨勢狀況，卻只能取得十年前的資料，那麼這份資料就不具任何意義。要進行分析作業，必須確認資料是否吻合分析目的的需求。重點是「新鮮度」「偏頗狀況」和「粒度」。

第一項新鮮度指的是「資料取得時間」。前提是必須事先釐清，為了達成目的需要什麼時間點的資料。以「確認當前使用者的傾向」為例，雖然各業種的需求皆不同，但至少也需要近一年左右的資料。即使只想確認商品業績和季節的關聯，也會因為每年的個別差異產生變化。如果要知道每一季平均的傾向，最少也需要過去十年左右的資料。首先必須確認符合目的的資料時間。為此，需要計算各購買日的個別件數。建議讀者們依照年份（二〇一八年、二〇一九年、二〇二〇年……），年月（二〇一八年一月、二〇一八年二月……），年月日（二〇一八年一月一日、二〇一八年一月二日……）計算件數。這是為了確認資料必須從哪一天算起，才能足夠作為計算使用。如果這段期間的

資料並不足以達到分析目的，就必須向委託抓取資料的負責人反應。

接著是**偏頗狀況**。「偏頗」指的是資料呈現偏向某一群體。舉例來說，若是只訪問走在澀谷街頭的人是否支持目前的內閣，就武斷的指出日本全體的內閣支持率，肯定會被反駁「只是年輕人的意見吧」或是「應該僅限於澀谷地區吧」。因此必須事先掌握計劃新的對象（例如，想要分析的年齡層或居住地等的消費者數量）的資料量是否足夠。確定欲分析的年齡層之後，可以計算該年齡層的資料量多寡。此外，也可以詢問資料管理人或是使用者，先前使用什麼方法取得這些資料。

最後一項是**粒度**。例如想從資料得知畢業新鮮人想要什麼，但資料中的年齡項目卻只區分成二十歲至三十九歲、四十歲至五十九歲和六十歲以上三種，這時候該怎麼做呢？一般或許會鎖定「二十歲至三十九歲」後，便開始著手分析，但其中可能還包含許多二十五歲以上的社會人士，導致不符合真實狀態的結果產生。由此可知，必須針對欲分析的軸（年齡層等），確認粒度（是否存在以歲數為單位的資料）是否足夠。將「分析對象列」各分類的件數（若以先前所述的例子來說，就是年齡列）加總後，就能得知是以什麼作為分類。如果有資料定義表的話，也可以透過表格確認。然而，粒度細緻並非全然都是好事，這部分將在後續另外說明。

## 確認資料量

資料的量指的是資料的行數。資料拿到手後，最先要確認的就是資料有多少行數。若是Excel的話，如果資料超過約一百零四萬行（Excel二〇一〇以上版本），便存在檔案可能打不開的風險。如果資料是從資料庫取出，可以請負責人事先告知資料行數。

反之，如果公司的合約數量明明約超過一百萬人以上，拿到的資料卻只有一萬件，或許代表著資料抓取人被限制取得資料數量，也可能是資料抓取方法錯誤。雖然資料量受到限制仍然可以進行分析，但可能會因為在某些附加條件下抓取資料，導致出現無法掌握整體樣貌的結果。當實際行數和預想出現落差時，就必須重新向負責人確認抓取方法。

### 確認資料形式

基本上，只要有資料定義表，就能掌握資料內各列的資料形式是數值或是文字。如果沒有資料定義表，可以實際抽出幾行資料，確認各列的資料形式。

## Develop（開發）＝步驟三　資料加工及分析

### 再次確認資料輸出形式

雖然好不容易走到執行資料分析這一步，但在此之前，請先回到前一個步驟，具體想像希望以什麼形式輸出結果。或者也可以思考想要繪製出什麼樣的圖表或交叉表（要讓哪些項目相乘），數值可以暫且隨意設定，只要嘗試將圖描繪出來即可。在這個階段，我要建議各位：先不要使用電腦，可以直接用手繪製，或是畫在白板上。如果有能夠共同腦力激盪的組員，可以運用白板共享輸出形式的想法，避免在決策上過於武斷。

確認具體的輸出形式後，如果能針對假說填入某個數值，讓得出的結果產生期待值，期望的結果輪廓也能更加清晰。即使輪廓沒有變清晰，也會因而察覺計算錯誤，或有其他新發現。

## 資料加工

使用交叉表將兩個項目相乘時，盡量不要讓交叉表的縱向項目數量及橫向項目數量過多，讓計算結果盡量簡單明瞭，視覺效果會比較好，解釋起來也相對容易。

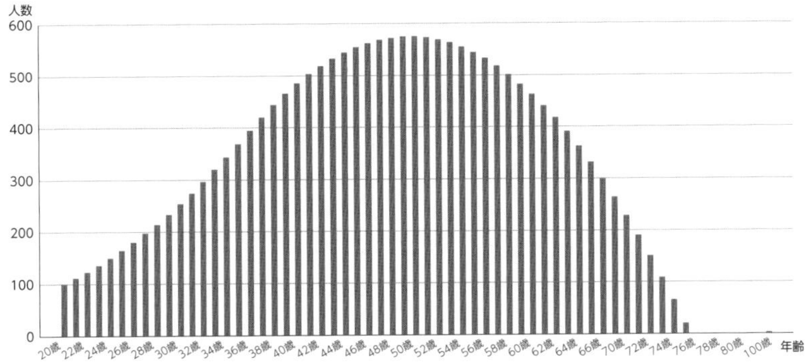

圖表2-9　直方圖

資料加工首先從查看資料分布做起。確認想要查看的項目區分為多少。可以製作成像是圖表2-9的分布圖表（稱為「直方圖」）加以確認。

其次是去除離群值。去除只有一件或兩件的少數極端數值。另外，看起來非現實的數值，恐怕是輸入錯誤，所以也要剔除。例如，一整批的資料都是二十歲至六十歲，只有一個人是一百歲，或是年紀是十萬〇五十四歲等，就是有問題的數據，必須將這類的資料去除。

最後是彙整至可統整的範圍內。項目區分過多會難以閱讀，各個區分件數過少也無法得知傾向，所以必須將資料彙整至可統整的範圍內。舉例來說，要比較十歲至十九歲和二十歲至二十九歲年齡區間時，與其以一歲為單位，還不如以每十歲為一單位來得簡單明瞭。雖然年齡一般都是十歲為一單位（不同業種的客群可能會有所變化），但若是不知道該彙整為幾組，多的話約分成五到七組，而件數多的前幾名項目則可以分成十組。

## 資料分析——「探勘」和「預測」

終於要進行「資料分析」這個步驟了。經過以上的介紹，我想讀者應該已經對資料分析可以做到哪些事有一定的概念。現在我趁想此機會進一步說明。

資料分析大致上可以分為資料探勘和預測建模這兩個方向。資料探勘的「探勘」即為「挖掘」，就如同字面上所表達的意思，因為想從資料中發掘黃金礦脈，「資料探勘」一詞因而誕生。從資料中找出能成為決策指引的重要線索，正是資料探勘的含義。

具體而言，探勘能引導我們掌握現狀、確認類型，並且發現原因。

「預測建模」的意思是，從各種不同的模式中預測未來。「ＡＩ」正是應用於此。雖然ＡＩ的定義取決於個人，最近各企業也大多都稱為「○○ＡＩ解決方案」，但和《二〇〇一太空漫遊》[5]中出現的哈兒或哆啦Ａ夢的ＡＩ截然不同，而是建構於「預測建模」的基礎之上。換句話說，只要記得它只是屬於資料分析的其中一項領域即可。

我將資料分析可以做到的事概略分為以下幾項，以下分別進行說明。

5 亞瑟．查理斯．克拉克（Arthur Charles Clarke）的科幻小說，該書於一九六八年拍攝成同名電影，是科幻電影的經典名作。

**● 資料探勘**

資料分析①藉由總計視覺化掌握現狀

資料分析②掌握擁有的類別

資料分析③發掘引發此現象產生的原因

**● 預測建模**

資料分析④針對新對象的判別或附加條件進行預測

## 資料分析①藉由總計視覺化掌握現狀

像是「使用者全體的平均消費金額為多少」這類現況的狀態掌握，或是「各年齡層購買對象商品的占比是多少」「各區域是否有差異性」等以比較為目的而進行的分析。分析時會將類別（各項購買商品、各年齡、各區域等）分開，計算其件數或平均值等。

其中有以某一列為對象，比較其中類別的一元計算；將被稱為交叉表的兩個項目為對象，比較各類別之間關係性的二元計算，以及以三列以上為對象的三元以上計算等。

「如何向其他人呈現總計結果」屬於「資料視覺化」的技術。如果是像「年齡×性別」這種二元以下的計算，兩者的類別也很少的話，以表格呈現即可。反之，三元以上的總計則是使用圖表比較清楚明瞭。另外，像是全商品分類或都道府縣等類別較多時，只要鎖定件數數量前十名，或是前幾名件數較多的一〇%，就能讓視覺更清晰（圖表2-10）。

## 資料分析② 掌握擁有的類別

市場行銷和業務改善的分析對象是消費者和員工，而這類以人作為主要分析對象的情況，較常使用的作法是類型區分（Segmentation）。在進行「資料分析①藉由總計視覺化掌握現狀」這個步驟時，「會有這種消費者嗎？」負責分析工作的人，腦海中可能時常出現這樣的疑問，這時可以將能夠掌握的所有消費者區分成幾個類別，並試著掌握各類別之間的差異。

一元計算表
（計算一項要素）

各年齡層及件數

| 年齡 | 件數 |
|---|---|
| 20～29歲 | 100 |
| 30～39歲 | 112 |
| 40～49歲 | 125 |
| 50～59歲 | 137 |

二元計算表
（計算兩項要素的關係）

性別×年齡層的使用者數的交叉表

| | 男性 | 女性 | 合計 |
|---|---|---|---|
| 20歲至29歲 | 50 | 50 | 100 |
| 30歲至39歲 | 80 | 32 | 112 |
| 40歲至49歲 | 25 | 100 | 125 |
| 50歲至59歲 | 78 | 59 | 137 |
| 合計 | 233 | 241 | 474 |

三元計算表
（計算三項要素的關係）

各分店的使用者數、佔地面積和
營業額的圖表

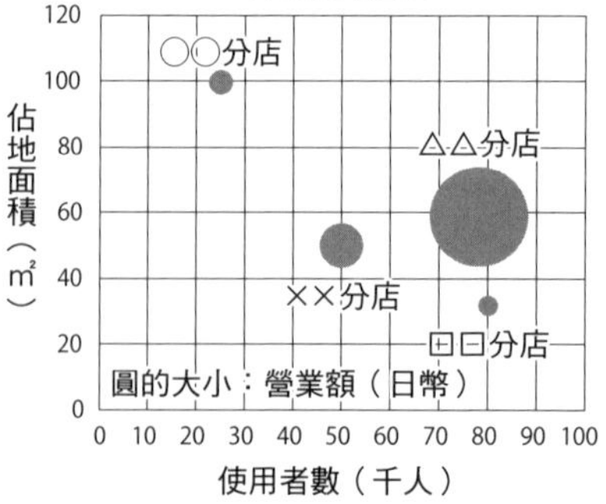


圖表2-10 視覺化範例

**Point**

## 「進行類別區分的四種方法」

1 將複數列的分類相互組合

舉例來說，性別搭配年齡。像是十歲至十九歲男性、十歲至十九歲女性、二十歲至二十九歲男性，將性別和年齡的列項目相互組合，製作出性別・年齡的新列，比較性別・年齡的合計結果。而這就是將原本資料中複數的列組合成新的列項目，以此合計結果的表現方式。這個方法適用於對欲列為對象的目標有一定程度認知的狀況。

2 使用兩個屬性，分為四個象限

舉例來說，想找出優良顧客和非優良顧客間的差異。首先，可將消費一次的金額區分為未滿一萬元和達到一萬元，接著再分成一個月來店次數未滿四次和四次以上後，就會變成和圖表2-11一樣，劃分成四個分類。類型可以分為右上是優良顧客；左下是沒有魅力的顧客；右下是單次的消費金額少，但來店次數頻繁；左上是單次消費金額高，但來店頻率低的顧客。

針對左上角的顧客和右下角的顧客所需執行的策略完全不同。透過這個方法，設定兩個列的臨界值，相乘之後，即可將顧客分類。

## 3 從資料中製作特定的指標、分類

市場行銷領域中有各式各樣的定量指標，可以根據不同的目的加以靈活運用。接下來我們將以最具代表性的ＲＦＭ分析為例，向各位進行說明。

ＲＦＭ分析是指運用消費紀錄資料中每個顧客的最新消費日期（Recency）、消費頻率（Frequency）、合計消費金額（Monetary）三項指標進行分類的一種方

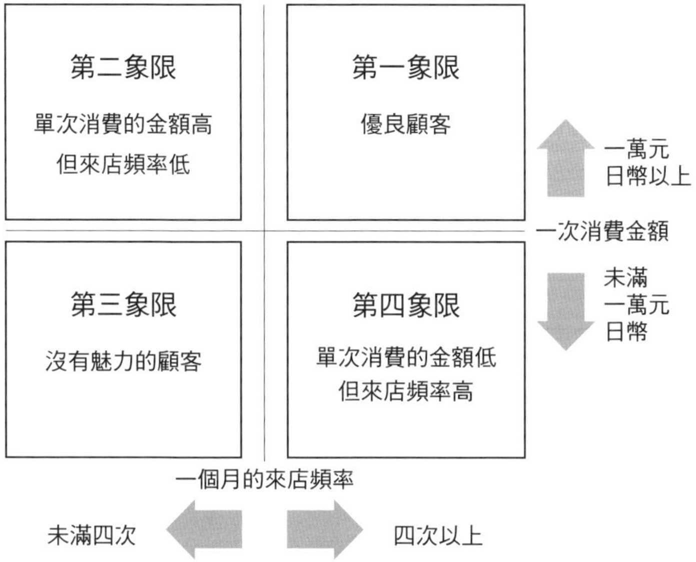


圖表2-11　將顧客分為四個象限

法。最新消費日期近，消費頻率高，合計消費金額也很高的顧客，即使不給他們寄送DM，不進行任何推廣，他們還是會消費，所以寄DM給這些顧客坦白說只是浪費錢。反之，若是合計消費金額大，消費頻率也高，但最新消費日期已經很久遠，表示他是被其他商品或服務掩埋的顧客，因此可以期待對這一類顧客寄送DM的效果。如此這般，可

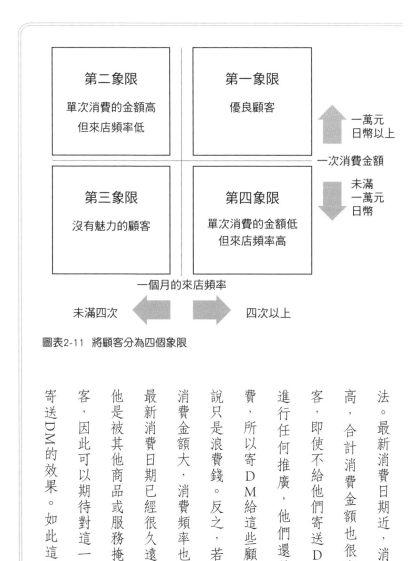

以依據最新消費日期、消費頻率、合計消費金額三項指標的高低設定臨界值，將顧客區分成幾個類別，各自進行最適合的行銷宣傳活動。

4 考量關係性自動分類

當需要將眾多屬性全部納入考量後再將「顧客」分類時，可以使用一種稱為「聚類分析」的手法。雖然略有難度，但最近的統計解析軟體都能輕易做到。例如，想從性別、年齡層、家庭構成、居住地、有沒有寵物、有沒有駕照、興趣和經常購買的商品種類等多種視角切入。試圖得知顧客屬性有哪幾種類型時，若是要把所有的屬性製作交叉表都用上，會非常耗費心力。但若是使用「聚類分析」，即可統一判斷具備相似傾向的資料，並自動分類成幾個類別。

## 資料分析③　發掘引發此現象的原因

「分析目的」是針對發生的現象（顧客叛離、故障、客訴等），了解造成最多影響的要因。例如，可以透過資料分析了解促銷活動A、B、C中，哪一個活動對於自家公司的特定商品的業績帶來最多影響。以下述公式進行假想，是其中一種方法。

實施促銷活動A × w1

＋

實施促銷活動B × w2

＋

實施促銷活動C × w3

＝

營業額

在這個公式中，當該促銷活動有「實施」時，將「1」代入，而w1、w2、w3則是表示帶來多少影響的「重量」。舉例來說，放入w1＝100、w2＝200、w3＝300數值。

進行該促銷活動時再代入1即可，如右所述。

實施促銷活動A×100

＋

實施促銷活動B×200

＋

實施促銷活動C×300

＝

營業額

只實施促銷活動A

$$1 \times 100 + 0 \times 200 + 0 \times 300 = 100$$

只實施促銷活動B

$$0 \times 100 + 1 \times 200 + 0 \times 300 = 200$$

只實施促銷活動C

$$0 \times 100 + 0 \times 200 + 1 \times 300 = 300$$

以進行促銷活動A和進行促銷活動C來看，實施促銷活動C時，營業額比較高。簡而言之，w1、w2、w3指的是和其相乘的要因所帶來的影響程度指標。一開始我們不知道w1、w2、w3是什麼，所以若要求得w1、w2、w3，必須知道各要因所帶來的影響。從過去的資料中可以得知：某一項促銷活動：會提升多少業績。有實施促銷活動時代入1，沒有則代入0，將當時的業績代入右側後，能導出這樣的公式，而從這些傾向中，則可求得w1、w2、w3。

實施促銷活動A（1）×w1
＋
沒有實施促銷活動B（0）×w2
＋
沒有實施促銷活動C（0）×w3
＝
100

沒有實施促銷活動A（0）×w1
＋
實施促銷活動B（1）×w2
＋
沒有實施促銷活動C（0）×w3
＝
200

實施促銷活動A（1）×w1
＋
沒有實施促銷活動B（0）×w2
＋
實施促銷活動C（1）×w3
＝
400

然而，並非進行某項促銷活動後，就能夠像範例一般提高營業額；因此若無法以簡單的方法求得答案，這時候就必須使用統計方法。具體而言，運用「迴歸分析」的即可求得「重量」。Excel的分析工具內有迴歸分析功能，大部分的統計解析軟體也能進行分析手法。

順帶一提，若是要知道兩者間的關係性，可以看「相關」，但以該狀況來看，並不能知道因果關係（哪一個影響較早產生）。「相關」能了解關係性的程度，但並無法知道是哪一項的發生，才會對另一方產生了影響，所以必須運用迴歸分析等方法。

## 資料分析④　針對新對象的判別或附加條件進行預測

最近只要提到活用資料，大部分的人都會想到「預測」兩個字。近年的流行詞彙「AI」也是預測的方法之一。話雖如此，但「預測」事實上和「資料分析③發掘此現象產生的要因」的思考方式幾乎一模一樣。

再次以資料分析③的範例為例，我們可以透過下面的公式，從過去的資料中求得w1、w2、w3。

實施促銷活動A×100

＋

實施促銷活動B×200

＋

實施促銷活動C×300

＝

營業額

可以透過這個方法預測各促銷活動的業績。只要在實施該促銷活動時代入1，不進行則代入0，就能得出營額額。而這正是營業額的預測值。

實際上，當下的市場狀況、競爭對手的反應、漲價降價等，以及其他以外的因素錯綜複雜，因此必須將過去顯示各項要因的資料導入公式，或是改變函式（function）、表達式（Expression）本身的內容（更複雜的變數），需要反覆嘗試提高預測的精準度。順帶一提，這一連串的作業稱為「建模」。

若要製作出更優秀的預測模組，以下的作業流程是不可或缺的。

**Point**

**「製造更優秀預測模組的流程」**

①決定預測的項目（營業額、離開率、故障率等）

②決定能夠引導預測的項目（是否有實施促銷活動、顧客的屬性、大環境狀況、價格等商品相關屬性）

③決定預測的演算法或預測公式（例如 Xa＋b＝Y 預測變數）

①是根據原本的目的而決定的指標，而②③則需要不斷嘗試修正。在以提高預測精準度為目標的過程中，會決定出②的項目，以及③的演算法。

①可以大致區分為預測營業額這類的數字，以及針對某個消費者會不會購買某項商

品。各位應該大致能想像預測數字是什麼意思，所以在此不多做贅述。預測判定則是指預測購買機率，若是高於五〇％「消費者會買這項產品」，未滿五〇％則是「消費者不會買這項產品」，針對這種情形進行預測。

②從制定欲預測的項目相關假說開始著手。屆時，只需要加入比想要預測的項目早一點發生，或是在該時間點得知的內容即可。若是放入較晚發生的現象，一旦要進行預測時，該現象會在想要預測的項目之後發生，因此無法將其作為輸入值填入。雖然這是理所當然的，但當資料分析做到太忘我時，很容易在不知不覺中犯下這種錯誤。

另外，雖然可能超過該階段應該執行的作業內容，但也可以將已經加工過的資料當作X值使用。

預測營業額時，雖然可以將前一天的氣溫作為引導項目，但也可以設定因為受到過去幾天的氣溫影響，顧客漸漸對該商品的需求提高，進而提升營業額的假說，將過去一

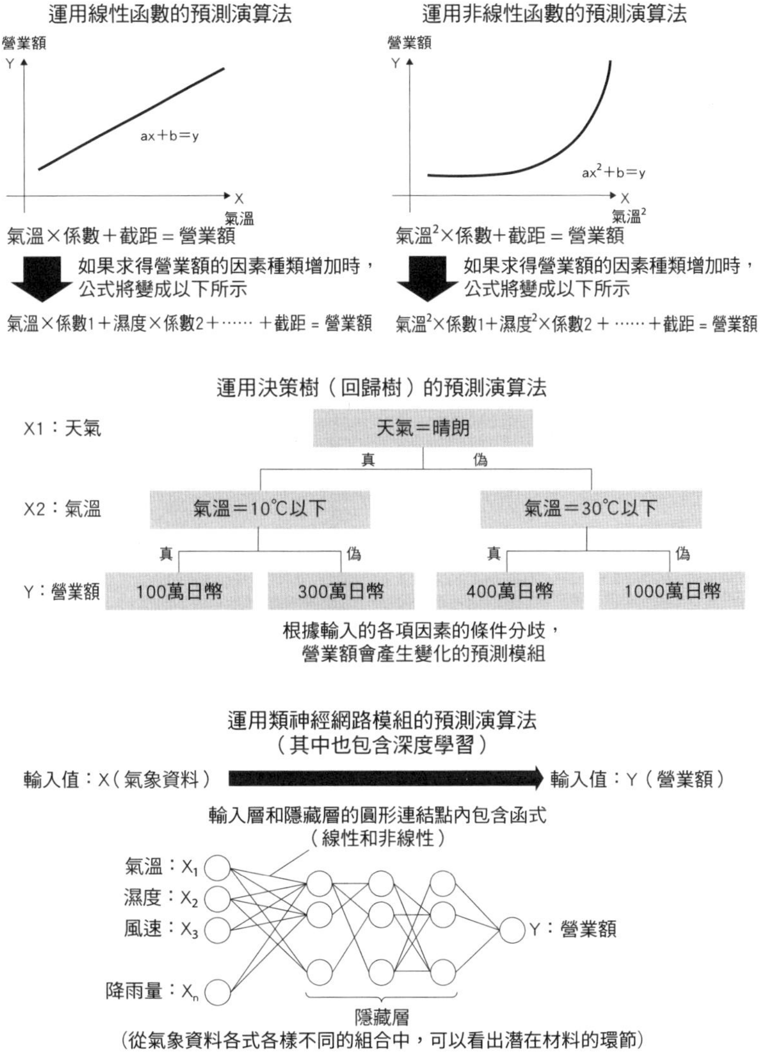
運用線性函數的預測演算法
營業額
Y
ax＋b＝y
X
氣溫
氣溫×係數＋截距＝營業額
如果求得營業額的因素種類增加時，
公式將變成以下所示
氣溫×係數1＋濕度×係數2＋…… ＋截距＝營業額
運用非線性函數的預測演算法
營業額
Y
ax²＋b＝y
X
氣溫²
氣溫²×係數＋截距＝營業額
如果求得營業額的因素種類增加時，
公式將變成以下所示
氣溫²×係數1＋濕度²×係數2＋……＋截距＝營業額
運用決策樹（回歸樹）的預測演算法
X1：天氣
天氣＝晴朗
真
偽
X2：氣溫
氣溫＝10℃以下
氣溫＝30℃以下
真
偽
真
偽
Y：營業額
100萬日幣
300萬日幣
400萬日幣
1000萬日幣
根據輸入的各項因素的條件分歧，
營業額會產生變化的預測模組
運用類神經網路模組的預測演算法
（其中也包含深度學習）
輸入值：X（氣象資料）
輸入值：Y（營業額）
輸入層和隱藏層的圓形連結點內包含函式
（線性和非線性）
氣溫：X1
濕度：X2
風速：X3
降雨量：Xn
Y：營業額
隱藏層
（從氣象資料各式各樣不同的組合中，可以看出潛在材料的環節）

圖表2-12　預測演算法

週的平均氣溫或氣溫的累計（合計值）作為X的值代入。在這個步驟需要考量各種不同的組合，所以製作起來也會需要一些工夫。此外，在各種不同形式的自動預測工具中，也有一些能夠自動製作模式。

③的「預測演算法」大致可以區分為線性、非線性、決策樹和類神經網路。

若是以**線性預測演算法**來說，只要將某個項目和另一個項目相加後，即可進行預測，因此較容易理解，同時也能夠清楚得知對於想要預測的項目，產生什麼樣的影響。然而，世界並非如此單純。雖然線性非常好理解，但和非線性、決策樹和類神經網路相比，精準度通常較低。

反之，**決策樹和類神經網路**等，可以將各式各樣不同的公式加入關係性，求得詳細預測值，因此預測精準度通常較高。

然而，在商業領域中，預測精準度越高並非越好。因為即使精準度高，但若內容難以理解，也無法輕易應用。應該按不同的情況選擇使用不同的演算法。如果是線性的演算法，可以知道什麼是要因，並求得其預測值，因此報告預測結果時，也較容易取得對方的認同感。但當將「應該寄送DM給什麼樣的顧客」的構想放進預測模組時，若不需要思考什麼原因會產生影響，只需要盡可能寄送給合適的顧客，精準度較高的運算法。

如上所述，雖然同樣都是資料分析，但隨著目的的不同，選擇的方法也會有所改變。雖然只能作為參考，但若只需要做到①「藉由總計視覺化掌握現狀」的程度，使用「視覺化分析軟體」就十分足夠。而如果資料分析①～④都需要，使用「統計解析軟體」會比較方便。此外，若希望盡可能做到自動化「預測」，導入「機器學習自動化軟體」也是一種方法。未來如果想將資料分析應用於平日的工作內容，我推薦各位選擇「視覺化分析軟體」加上「統計解析軟體」。

## 進行預測時的注意事項

在實際的工作中，經常會碰到需要報告「實施哪一個策略後，將來營業額會提高多少預估值」的情況。雖然運用預測模組即可進行預測，但無論使用哪一種演算法都無法百分之百預測出正確結果。事實上，「預測」這件事，充其量只是在其他狀況不變的情況下，輸入不同的值後，告訴我們會出現什麼樣的結果罷了。

因此，作為配套，明確記載是在什麼樣的條件下（且其他要因不做變更），出現這樣的預測結果就變得非常重要。例如，以景氣和目前狀況沒有改變為前提，或是以沒有發生大規模的災害為前提條件等。

若清楚記錄前提條件，除了預測失準時可以拿來作為藉口（這也算是優點），還有其他好處。藉由明確記錄下前提條件，可以清楚知道哪些事情是出乎意料之外的、自己沒有考量到的部分，以及我們自己無法掌控的要因造成預測失準。當這些事情都明確化後，倘若這些現象真的發生，走到不得不修改預測內容這一步時，也能迅速作出判斷。

相較於預測結果，能夠衝擊預測值的因素更為重要，若能知道該因素是什麼，只要觀察其狀況即可。另外，若建構預測模組的前提條件因素，並不是藉由經驗就能掌握，而是令人意外的因素，便將會是一項重大發現，也正是所謂的資料探勘（發掘黃金礦脈）。

## Develop（開發）＝步驟四 提交結果時，需要說一個好故事

如果以為「將資料分析的結果做成視覺化的表或圖表後，作業流程就算結束了」——這是錯誤的觀念，我們還必須將這些內容資料化，以利向同事和上級說明。呈現方式對於說明對象的接受度會產生深遠的影響，因此相較於資料分析作業，提交資料和報告時，以什麼樣的方式呈現結果更為重要。

## 製作出簡單易懂的資料

關於製作資料的技巧，其他書籍也有記載許多方法，各位可以多加參閱。以下也提供幾點技巧給各位參考。

- 先寫下結論。
- 一張投影片一句話。
- 要有捨棄多餘的投影片的勇氣。

接下來，我們要介紹幾點展示資料分析結果時，經常會被對方說「不夠充分」的重點項目。以圖表內應該放入的情報來看，最容易忘記的是座標軸名稱、單位、說明以及該圖表的分母數值。另外，在進行分析的當下，必須注意：不要將導出結果的計算方法做得過於複雜。盡可能以單純的條件呈現總和結果，要讓接收結果的一方比較能夠理解。

另一項重點是選定給對方看的分析結果。進行資料分析時，若從多種視角切入分析，會產出許多圖表。當假說或是應該驗證的內容不夠明確時，會因為自覺資訊不足，因此會不自覺的將大量圖表貼於報告中。然而，當圖表數量過大，反而會讓結論失焦，導致接收方不知道報告者想要表達什麼。因此，整合報告資料時，「擁有捨棄多餘的投影片的勇氣」這點非常重要。若無論如何也無法捨棄，也可以當作參考資料，條列彙整後，放在後面的頁數內。

## 認同和發現間的平衡

能有效將資料分析後的結果傳達出去的秘訣有兩項：「認同」和「發現」。只要掌握這兩個重點，就能夠取得對方的信賴，更有效傳達資料分析結果。

若是告訴對方不用分析也能知道的事，只會換來一句「這種事我也知道啊」，而無法達到分析的意義。話雖如此，但如果結果過於創新（尤其是否定現狀的結果時），也只會受到質疑，得到「資料有問題吧！」「你不覺得分析方法有點奇怪嗎？」的回應。

為了避免這些情況，首先要在報告前半段傳達能夠得到對方「認同」的故事。可以從資料中挑選符合從經驗得到的知識，同時也能透過資料進行客觀驗證的內容。接下來在後半段告訴對方，透過資料找得到什麼樣的全新「發現」。

當負責人的人生經驗被客觀證實後，即可得到對方的認同，取得信賴。奠定此基礎後，對方也能理解全新、令人意外的結果。此外，該業務的負責人如果也在現場，與其不分青紅皂白的告訴對方「你應該改善你的業務內容」，向對方傳達「到這個部分都非常完美，但如果改善某部分的話（也執行△△會更好）可能會更好」，這樣的分析內容就會是上上之選。

## Develop（開發）＝步驟五　會議討論時，善用視覺化工具提交結果

報告時所用的資料，一般都在PowerPoint的投影片內，放入運用Excel等軟體計算後的結果以圖表形式呈現。在使用這些資料報告，進入到討論環節時，有時候會出現「希望能夠改變座標軸」，或是「請只把○○使用者作為分析對象」等必須當場演練的要求。如果將定型的圖表貼在PowerPoint內，就無法隨機應變。但為了這些不可預期的要求，事前準備各種不同情況的圖表，是非常沒有效率的一件事，這時該怎麼辦？

報告時應該要善用視覺化分析工具。只要運用這類型的工具，就能當場改變座標軸或是分析對象。會議中隨著分析的進行，也可以準備好下一階段需要的分析結果。雖然要做到在會議現場一邊使用軟體，一邊進行報告需要做許多事前練習，不過這樣的報告會取得很好的效益，建議讀者們可以嘗試看看。

## 共享視覺化分析結果

在會議結束後收到「想請你提供圖表資料電子檔」的請託時，如果圖表是以Excel製成，只要分享Excel檔案即可，但若是由視覺化分析軟體製作，公司內的使用者可能並不多，就會很難共享檔案。因此可以使Tableau。讓委託者可以透過Tableau Reader這項工具免費瀏覽圖表（不能製作圖表）。只要從Tableau的網站下載，將軟體安裝在個人電腦內即可直接使用。選擇視覺化分析軟體時，還需要考量共享檔案所需花費的成本。

## Develop（開發）＝總結

本章節已經說明了一般資料分析的流程。大致的步驟如同以下所述。

步驟一　打造分析環境。
步驟二　檢查資料。
步驟三　資料加工及分析。
步驟四　編造提交結果時所需的故事。
步驟五　會議討論時，善用視覺化工具提交結果。

在步驟一的階段，我們介紹了「視覺化分析軟體」「統計解析軟體」和「機器學習自動化軟體」三種資料分析工具，同時也說明在不同的情況下，Excel也足以派上用場。

在步驟二的階段，則解說了資料的新鮮度、偏頗狀況、粒度、資料量，以及形式的確認方法。

關於步驟三的階段，說明了配合不同類別目的的資料加工和分析方法。有許多介紹這部分相關內容的書籍，請各位一定要參考看看。

在步驟四的階段則彙整了報告資料分析結果的重點，並說明其中一項方法，就是步驟五階段所提及的善用視覺化工具。

在Develop步驟中，使用資料進行分析，可以透過實際操作，從中獲得技術和技巧。即便是運用Excel的圖表進行各種不同的嘗試也好，建議各位務必動手實作看看。

# 5 Deploy（部署）

## Deploy（部署）步驟＝概要

Deploy是IT用語。在IT領域中的意思是「將其配置於大家使用的系統上，讓所有人員都能夠運用」，而在本書中的含義則是「**讓資料分析後的結果能繼續活用於現場的構造**」。

如果資料分析後得出的結果完全沒有被應用於公司的決策，或是製作了預測模組卻沒有將預測結果納入改善策略的參考資料內，資料分析便毫無價值可言。活化資料最大的意義在於**能夠確實提供可應用於現場的情報**。在第3章會向讀者說明，組織該如何將分析結果傳達給現場。本章節將著眼於打造該構造所需的工具，並進行相關說明。

根據不同的資料分析目的，只要得出分析結果就會替換固定指標，並持續更新。事實上，隨著Deploy步驟的進行，一時半刻要製作固定指標並不容易，但在反覆不斷嘗試的過程中，會逐漸釐清什麼樣的結果輸出形式適合自己的組織。接下來介紹正確的步驟流程。

資料分析的結果輸出形式，大致可以區分為以下三種：

①**單次限定型**（每次要看的結果都不同）。例如：提高業務效率的因素分析、商品開發的需求分析等。

②**固定觀察型**（決定的指標、隨時確認紀錄內容，更正策略方向）。例如：行銷宣傳活動策略評價等。

③**推薦系統型**（依據預測模組導出的估計值判斷決策）。例如：DM最佳化等。

## ①單次限定型

以進行商品開發時，藉由資料掌握當前需求為例。嘗試從消費者的問卷資料和過去的消費紀錄、業績資料中，了解應該研發什麼商品，尋找能作為新商品開發的素材。就這樣的狀況來看，必須了解要將消費者區分為幾種類型、他們的需求又是什麼？因此需要以多個面向分析資料。輸出結果是讓新商品開發企劃案能成功通過的基石，所以當新商品順利上市後，這份輸出結果本身就無用武之地了。

然而，在摸索應該使用哪種分析技術、資料該如何蒐集的過程中，會累積許多新的知識和技巧。根據不同的情況，再次進行新商品開發時，或許前次使用的指標就能派上用場。這就是接下來要介紹的「固定觀察型」。順帶一提，這裡所使用的輸出結果形式，因為僅使用於公司內部報告，所以只要製作成Excel或是PowerPoint的檔案形式即可。會議結束後若需要再次進行分析，事先打造出不太需要重複作業流程的工作環境會比較有效率。

## ②固定觀察型

舉例來說，就是依據行銷宣傳活動策略的即時評價，進行行銷宣傳內容改善的輸出結果形式。應用於PDCA循環[6]中查核的（Check）階段，適合一邊觀察根據最新資料制訂的指標（例如顧客回購率和顧客忠誠指標等），一邊改善策略內容。可以從觀看一整組格式化的圖表及表單之間，獲取調整市場行銷策略的想法。為此，資料必須經常更新，保持在最佳狀態，也需要建構自動計算結果，並將其顯示於儀表板上的模組（圖表2-13）。

## ③推薦系統型

參考特定指標進行決策這部分和②固定觀察型相同，而差異點在於將「估計值」作為指標。例如，藉由將DM寄送給DM反應率高的使用者，以此提高DM成效時，可以建構透過過去反應率較佳的使用者預測模組，從對象顧客中選定應該寄送DM的使用者。只要輸入各顧客的情報資料，預測模組就會根據所需的預測反應率高低順序配發DM。

這樣一來，與其說是透過觀測資料得出結果，再由相關人員針對策略進行檢討，不如說是自動化跑完整個流程更為恰當。如同DM範例所示，自動將DM配發給反應率較高的使用者的系統，或是將「業務負責人需要挑選適合顧客的手冊時」和「自動推薦眾多手冊中找出最適切的策略進行」這一連串的步驟系統化。有些系統必須從零開始開發，但同時也有已經開發完成，能達到一定程度功能的系統。

「推薦系統型」如同圖表2-14的儀表板所示。

6 是由美國著名的管理學家戴明（Deming）所提出，包含四大概念：計畫（Plan）、執行（Do）、查核（Check）、行動（Act）。戴明認為，這一連串步驟是一個持續循環的動態過程。企業只要重覆執行，就能持續從錯誤中學習及反省，讓品質持續改善。

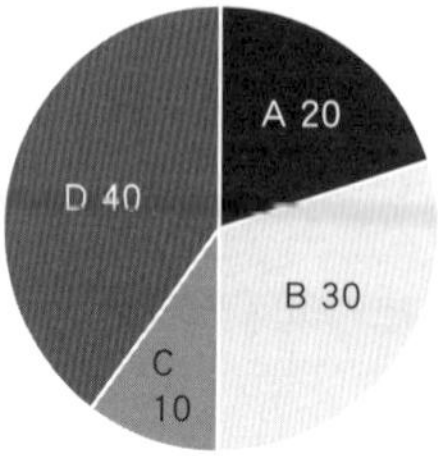


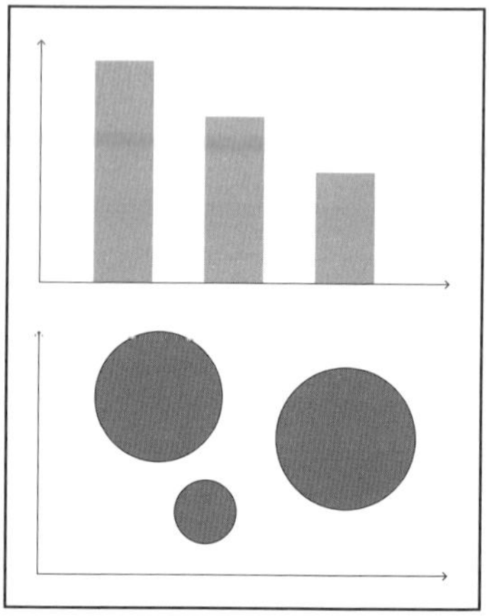

| 顧客 | 型別 | 年齡層 | 平均消費金額（日圓） | 類別 |
|---|---|---|---|---|
| U001 | 男 | 20 | 1,000 | A |
| U002 | 女 | 10 | 2,000 | A |
| U003 | 男 | 10 | 2,000 | A |
| U004 | 女 | 10 | 3,000 | B |
| U005 | 男 | 20 | 3,000 | B |
| U006 | 男 | 30 | 2,000 | C |
| U007 | 男 | 30 | 2,000 | C |

選擇左上角圓餅圖的A後，會顯示A資料單獨的總和結果

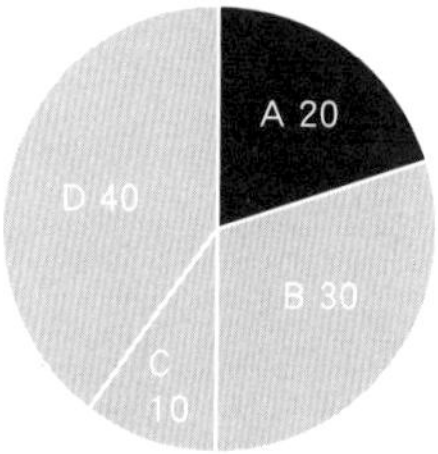


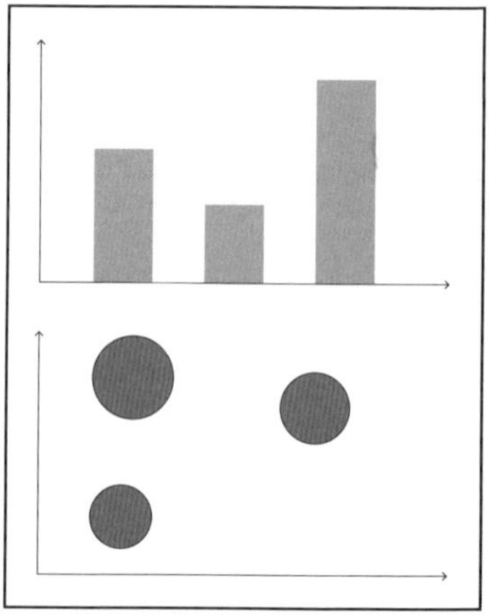

| 顧客 | 型別 | 年齡層 | 平均消費金額（日圓） | 類別 |
|---|---|---|---|---|
| U001 | 男 | 20 | 1,000 | A |
| U002 | 女 | 10 | 2,000 | A |
| U003 | 男 | 10 | 2,000 | A |

圖表2-13　固定觀察型儀表板範例

Point

**「什麼是儀表板」**

這裡的「儀表板」和汽車及飛機用來確認運行狀況的儀表板相同，透過「儀表板」，我們可以經常確認行銷宣傳策略或經營方針「運行狀況」的變化，並以此為依據改變理想的行進路線。「儀表板」同時也是能將結果視覺化呈現的工具。

想要預測的策略案

| 策略 | 成本（日圓） | 行銷宣傳管道 | ・・・ |
|---|---|---|---|
| D001 | 2,000,000 | POP | ・・・ |
| D002 | 3,000,000 | Web | ・・・ |
| D003 | 5,000,000 | RV | ・・・ |

各策略的期間預測營業額・利潤

| 策略 | 成本（日圓） | 預測營業額（日圓） | 預測利潤（日圓） |
|---|---|---|---|
| D001 | 2,000,000 | 4,000,000 | 3,800,000 |
| D002 | 3,000,000 | 5,000,000 | 4,700,000 |
| D003 | 5,000,000 | 5,100,000 | 4,600,000 |

各策略的利潤變化

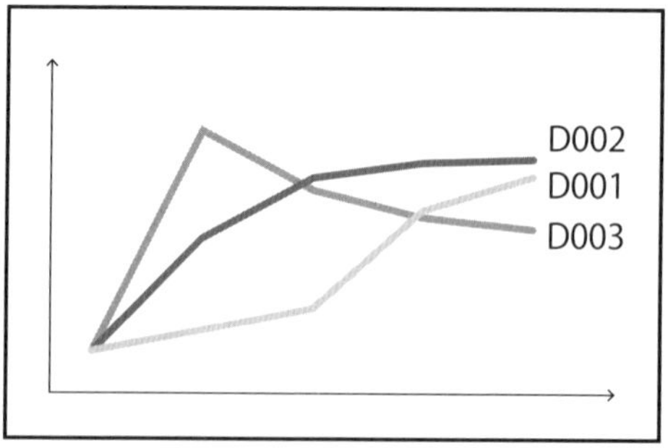


圖表2-14　推薦系統型的儀表板範例

## Deploy（部署）＝為什麼分析結果沒人用？

接下來將以資料分析結果被棄用的案例，說明為Deploy容易碰到問題。

### 「儀表板」沒有更新

明明為了了解目前顧客的合約狀況製作了儀表板，但卻因為更新資料步驟繁瑣，導致資料完全沒有更新（不知道各個圖表的結果）。剛開始進行專案時，起初許多人會參考儀表板，但隨著資料新鮮度不再，變得根本沒有人使用。

原因在於，將圖表結果呈現於儀表板的過程中，沒有將抽取最新資料、對資料進行加工，製作成便於分類的形式，也沒有把到最後的資料分析這一連串的流程自動化。即便部分流程可自動化，但任一階段若需要人工作業，甚至這項作業只有一個人能夠應對處理時（或是負責人因為其他作業無法抽身處理），資料就可能在不知不覺中不再隨時更新。

有一種可能是，起初是請資料管理負責人協助直接抓取資料進行分析，因此過程順利無礙；但在後續的流程中，因為一有新資料就得自主將資料移轉至自己部門，由於流程和步驟過於繁瑣，導致放棄。

## 能夠閱覽儀表板的環境有限

理想的情況是，所有團隊成員，甚至企業各部門經常確認儀表板，共享最新情報，各自進行改善措施。若要達成理想狀態，除了必須做到「即使沒有說明也能知道儀表板呈現的內容」，首先需要完成的是確認企業各部門或所有成員都能閱覽儀表板這件事。

若是選擇根據使用人數支付費用類型的儀表板工具，當要將資料分析推廣到其他部門時，除了閱覽者會增加外，費用也會跟著提高。倘若無法取得預算，就無法擴展到其他部門。所幸最近較多的類型是製作儀表板需要費用，但可以運用完全免費的工具進行閱覽。只要使用這類型的工具，就可降低執行門檻。

另一方面，如果是IT知識不足，對於使用新工具有抗拒感的部門，即使將使用環境做到盡善盡美，也有可能不願意使用。上述情況因為牽涉到組織架構，所以將會於第3章再詳細說明。

## 無法交接給其他人

資料分析的整體樣貌可以說是不斷反覆嘗試抓取資料、加工、分析、將結果視覺化呈現的一種過程。也因為如此，「只有負責分析的人可以掌握整體內容」的狀況並不常見，也時常有一個人全權獨立負責的傾向。尤其是第一次執行資料分析專案時，更容易發生這種狀況。

在這種情況下，當負責人因為人事異動離開，企業本身便可能會因為各部門或團隊成員不知道資料的分析方法和儀表板的維修方法，導致最後捨棄運用資料分析。即便確實進行交接程序，若工序複雜，需要設定各式各樣的條件，沒辦法在有限的時間內交接完全，下一任負責人無法做到像前任負責人一樣完美。

## Deploy（部署）＝「自動化」並不困難

第一次進行資料分析的流程時，在取得分析結果之前，勢必會經歷各式各樣不同的失敗和嘗試，因此將結果輸出成完整形式前的這段分析過程（資料加工、總和計算等也包含在內），通常都是一團混亂。因此，我們可以先整理出一連串的流程步驟，讓其他人也能跟著流程循序漸進。像是IBM SPSS Modeler等，有一部分的分析工具可以將流程取出，因此也可以運用這類型的機能整理流程。

接下來，我將介紹針對固定觀察型、推薦系統型建構自動化構造時，需要考量的重點項目。

**重點 1：資料自動更新**
**重點 2：資料加工、自動分析與預測模組自動計算的構造**
**重點 3：預測模組更新（僅限推薦系統型）**
**重點 4：構築自動輸出結果**

## 重點 1：資料自動更新

若是公司內的資料庫和分析工具相互連動，資料庫一更新，儀表板也自動同步——這是最理想的狀況。但是，初期拿到的大多是從資料庫抓出做成ＣＳＶ等形式的檔案，再以此進行分析，因此兩者間該如何互相連動，或許是個難以想像的境界。如果每天更新的數值不多，也幾乎不會影響到總計值，每月一次或一年一次，定期以相同形式取得最新的資料也無妨。

反之，也可能因為每天更新資料產生巨大變化，若是屬於全公司根據分析的輸出結果進行決策等這類大規模、多人使用的情況，就必須建構能經常連結到儲存分析對象的資料庫的環境。而這部分因為涉及連線資料庫的權限和公司內部網路，必須和IT以及其他相關部門協議進行。

## 重點2：資料加工、自動分析與預測模組自動計算的構造

資料加工、分析，以及預測模組的輸入作業，若需要人工手動操作，一定會相當費力。這部分請務必一定要改為自動化處理。例如，若是使用像是IBM SPSS Modeler這類的分析工具，資料只要一更新，就會自動計算並輸出結果（圖表2-15）。關鍵在於盡量用一個工具完成所有的分析內容。初期是探索階段，資料加工的部分使用Excel製作即可，所以分析步驟時使用其他分析工具是非常常見的狀況，一但流程完成，就能透過一個分析工具，提高自動化的可能性。

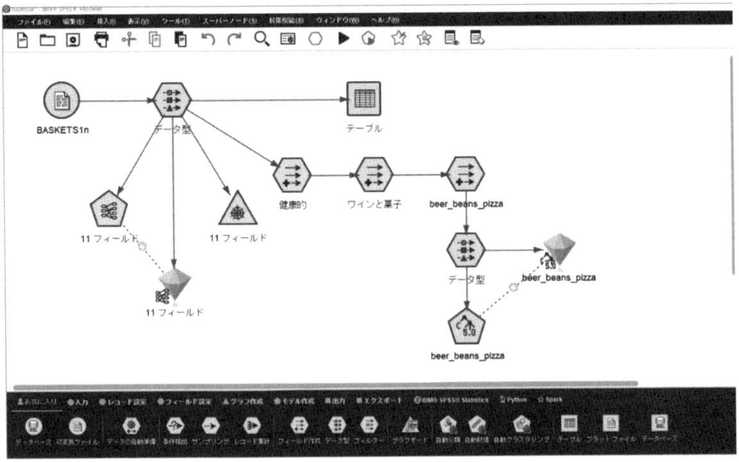




圖表2-15　IBM SPSS Modeler
（資料來源：IBM）

## 重點3：預測模組更新（僅限推薦系統型）

環境會變化，所以使用預測模組施行策略時，會因為不同狀況產生改變，因此必須更新預測模組的係數或變數，提高精確度。倘若資料更新並不頻繁，儀表板必須備有時常追蹤精準度的功能，只要精準度一下降就以手動更新資料即可。但若經常更新資料、頻繁變更策略的話，預測模組的精準度容易產生變化，因此也會需要做到一定程度的自動化執行。

相關的還有「AI解決方案」。這類

型的產品，只要用滑鼠點擊一下，就會自動作出預測模組。只要有資料，即使不會設計程式，一樣能自動幫我們選出最適合的預測模組，並輸出具有一定精確度的預測結果。若是資料更新，即可輕鬆更新預測模組。此外，ＡＩ解決方案也能連結公司內部的資料庫，所以若考慮導入推薦系統型的自動化機能，靈活運用這類的解決方案也是其中一種選擇。但這類系統通常需要較為可觀的預算，所以若要取得公司同意，首先可能需要將活用資料分析的概念植入公司內部。

## 重點4：構築自動輸出結果的系統

我們需要讓儀表板能自動更新最終的分析結果。基本上使用類似Tableau的軟體製作儀表板。選擇使用這類附有自動更新儀表板功能的工具，只要資料一更新，儀表板也會自動更新內容。

順帶一提，我們使用的是IBM SPSS Modeler和Tableau這兩個組合，並根據不同需求使用Python和R語言。而這方法也比較有利於初學者將自動化儀表板作為執行目標。使用IBM SPSS Modeler分析，再搭配運用Tableau製作顯示結果的儀表板時，只要IBM SPSS Modeler內的資料一更新，系統就會自行以設定好的條件進行分析，Tableau的圖表也會自動更新分析結果。如果資料不需要加工，可以只使用Tableau。另外，IBM SPSS Modeler也能製作預測模組，所以若要使用儀表板顯示預測結果，也可以使用推薦系統型的工具。

## Deploy（部署）＝總結

我們在前面已說明了如何打造能讓分析結果繼續活用於現場的架構。未來著手資料分析的階段時，就不太需要煩惱，然而，當資料分析的能力已經到達一定程度時，經常會出現「即使有向公司報告分析結果，但公司內卻沒有幾個人知道，也沒有人拿來運用，甚至對公司營運沒什麼幫助」的狀況。為了避免這件事發生，前面已經說明需要執行的對策內容。

回顧本章節提及的內容，重點有下面四項。

**重點1**：資料自動更新

**重點2**：資料加工、自動分析與預測模組自動計算的構造

**重點3**：預測模組更新（僅限推薦系統型）

**重點4**：構築自動輸出結果的系統

並不需要一次就將所有的重點都做到完美無缺，只要逐步建構各項目的自動化流程，就能讓資料分析滲透進公司，減少作業程序。現在有各種不同的Deploy工具，只要活用這些工具即可。而在選擇Deploy工具上，可以先自己親自建構一次

模擬流程，如此一來，就能得知哪個部分需要做成自動化。透過上述方法，即可選出適合所屬的工具。

# 第 3 章

# 5D框架資料分析人才育成術

分析資料時可應用的專業知識

| 銷售人員 | 行銷人員 | 客服人員 |
|---|---|---|
| 銷售經驗 | 銷售手法 | 客訴內容 |
| 顧客反應 | 觸擊率 | 服務內容 |
| 顧客喜好 | 活動效應 | 時常出現的問題 |

到目前的章節為止，我們已經說明執行資料分析時，資料分析師容易碰到哪些狀況或錯誤，碰到哪些阻礙的失敗案例，同時也提出突破這些難關的方法。在本章節，我們將說明應用5D框架將公司內的「現場人才」「業務人才」「行銷人才」培育成「資料分析人才」的培育術。

請試著站在有一天突然「成為必須成立分析組織」的管理職的角度思考，對於一個本身沒有任何分析經驗的人來說，就連要從哪裡開始著手都難以想像，這時只要順著5D框架的步驟制訂育成計畫，並在需要的時機點向外部尋求助力，無論是誰都有可能成功實踐。

## 1 企業在煩什麼？

### 「回流教育」（Recurrent Education）做不到的事

現在日本國內許多企業為了搶奪少之又少的資料人才，掀起了激烈的爭奪戰。在「DX數位轉型」（Digital transformation）這條路上，若企業內存在資料科學家這類的資料人才，便能夠提高加速轉型過程的可能性。這部分需要事先掌握的重點是：雖然都是資料分析人才，但其中有資料工程師、資料科學家、資料分析師、機器學習工程師和行銷分析師等各種不同類型，而這些人才所需要的技能也完全不同。我曾聽聞許多案例是因為沒有掌握好公司需要的資料人才類型，導致任用後發生人才錯置的問題。舉例來說，一律都以「資料科學家」身分任用，但事實上求職者本人期望的領域是ＡＩ演算法相關開發，企業方卻要求他負責行銷分析師的工作，最後因為「這和當初面試時講的工作內容不一樣啊！我要辭職！」導致好不容易找到的人才馬上離開。

若是很難徵求到適合的人才，也可以將對公司忠誠度高的現有員工培養成資料分析人才。許多企業會運用回流教育的方式，讓公司員工接受「短期集中Python程式設計講座」，期待員工能搖身一變成為資料人才。採取這種方式而成功的企業不多，大多是以失敗收場。

最近回流教育的趨勢是和各種機構合作，就像大學上課，讓員工在一段期間（一星期左右）內接受密集的程式設計講座或是ＡＩ講座課程訓練。雖說課程內容充實，但聽說許多課程都未整理出5D框架的「Demand」步驟。我相信其中有些企業只是因為「感覺最近ＡＩ很流行，經營高層也說要培育ＡＩ人才」這類不明確的理由而開始進行相關計畫；站在接受訓練的員工角度來看，一定也有許多人的想法是「工作上也沒有什麼機會可以用到ＡＩ或程式設計，但既然人資和主管叫我去參加課程，我也只好乖乖來參加了」。

此外，有許多案例都是拼命通過為期一週的講座後回到工作現場，但過了一段時間卻「把所學內容全部都忘光了」。原因在於：

①業務上的限制：「工作業務上根本用不到」。
②物理上的限制：沒有可以執行程式設計的軟硬體設備。
③職場文化的限制：「比起分析，更重視KKD[1]的昭和時代上司」等涉及評價的職場文化。

1 見第78頁註1。

## 光是把「人」訓練好還不夠

如果實施回流教育，企業方需要事先準備好能夠應用所學技術的工作環境，讓課程結束後回歸職場的員工學以致用。以下將依照前面提及的三項限制，分別說明如何將ＡＩ和機器學習、程式設計和自動化等落實於實際業務內容中。

### ①業務上的限制

若是使用ＡＩ和機器學習、自動化，絕大多數能夠提高業務、市場行銷、法務或是財務會計等所有領域的生產性。在許多情況下，大部分的員工其實無法想像出「ＡＩ能夠做到什麼」。因此，如果想了解業務，就以業務為主；若想了解財務，就將財務會計訂為主題；預先描繪成功計畫，並記住導入ＡＩ後能產生什麼樣的變化，事先掌握如何提升業務生產性。最有效的方式是同時參加程式設計講座及商業相關的ＡＩ研討會。

以下分享我個人的情況供各位參考。我（木田）所任職的三井住友海上目前已經實施同一週學習兩門課程的學習計畫，其中有為期一週密集學習Python的「資料科學家課程」，還有「業務設計課程」，內容包含設計思考、邏輯思考以及人工智能等相關知識，藉由參加這兩項課程，即可具體描繪出將ＡＩ靈活運用於商業的輪廓。

## ②物理上的限制

好不容易學了程式設計，如果平常工作未能運用，便會將所學忘得一乾二淨，因此必須打造一個適合的工作環境。不幸的是，許多案例都是被「沒有預算」這個理由駁回申請。企業的預算都是固定的，若想在預算之外購買專門的電腦是件非常困難的事。但也可以向負責規劃講習的人資部門爭取一部分講習費用作為經費。若企業本身甚至缺乏這樣的決心，回流教育講習很有可能會被認為只是跟流行或敷衍了事而已。

「資料」對於「資料分析」來說是不可或缺的。在第2章也有提及，許多案例雖然已經導入電腦，但卻因為至關重要的分析對象資料由ＩＴ部門管轄，加上不具備連結資料庫的權限，導致無法進行資料分析。說實話，大部分的資料庫都不是以分析為目的建構而成，而ＩＴ部門往往也有意盡量不讓資料管理者以外的人接觸資料。面對這種情況，若是無法釐清5Ｄ框架中Demand步驟的「為什麼需要資料，又是為了什麼目的而分析」，想推動ＩＴ部門行動就會非常困難。有時即便和現場進行交涉，對方也不願意提供資料，這時候就必須將「委託該部門負責人直接和資料管理者進行交涉」這一步納入考量。

### ③職場文化的限制

要破壞職場上長年累積而成的認知隔閡比想像中還要困難許多。舉例來說，難得年輕員工學習ＡＩ和程式設計，透過過去的資料計算出潛在顧客清單的成交率，試圖提高業務的生產性，但卻因為擁有昭和價值觀（編註：形容古板頑固不知變通）的上司，無法正確判斷這份分析結果的價值，開口大罵：「業務是用雙腳賺錢的！與其在那邊玩電腦，還不給我去見客戶」後，就把年輕員工趕出辦公室（以新冠肺炎疫情的狀況來說，會是「用網路還是什麼都好，給我想辦法去預約客戶拜訪」）。如果上司如同昏君一樣，無法認同自己價值觀以外的想法，這時下屬便難以寄望提高評價，說不定反而被打上負面評價。

以這種狀況來看，下屬的心態可能是：①只好等待上司退休（如果適逢退休年齡），或是在人事異動以前忍耐幾年，②若公司文化不會改變，就會選擇辭職，③由年輕員工們組成Scrum，創建全新的文化等幾種方法。但方法①會備感壓力，總有一天身體和心靈都會承受不住。方法②終究只是消極的手段。因此，在這些方法之中最合適的就是方法③。這條路上困難重重，但可以先從小地方開始著手，和年輕員工組成Scrum，讓人事和高層領導人們看到前景，接著將「藉由資料分析得出的全新解方提升實際成果」作為目標。

近年來，積極鼓勵讓年輕員工自主舉辦程式設計等讀書會，互相分享技術和知識的企業開始逐漸增加，而這類型的聚會，也可能成為方法③的基石。

舉辦以具體的商業課題為主題的讀書會，一步步將結果應用於工作內容中，自然而然滲透進公司內部。常見的情況是，雖然自主舉辦讀書會，卻漸漸變成互相抱怨部門和公司的聚會，大家只要有發表分析內容就覺得可以了。為了避免落入這種窘境，應該互相提議能切實落實於工作內的執行計畫，並展開實際的行動。

職場上的文化改革必須讓年輕員工大展身手，同時也要讓老鳥們維持最低限度的活躍，因此人事部門也需要制定出一套針對這些行為的考核機制。我認為如果能和WORKMAN CO., LTD.一樣，將執行方針貫徹始終，做到要求部長必須具備資料分析能力的程度，公司文化才有可能產生改變。

## 從「其他領域」育成資料分析人才的原因

自從回流教育這個名詞被大眾傳播媒體廣泛使用，民眾對於這個名詞的認知程度也急速上升。然而，實際上在確實進行回流教育計畫的企業仍是微乎其微。畢竟培育一個人才的成本不菲，人資部門不確定成效如何，回流教育對公司來說是否利大於弊任仍未知數，因此也能理解企業主躊躇不決的心情。

然而，以二〇二〇年新冠肺炎疫情肆虐的狀況來看，往後的世界還會產生更劇烈的變化，無論是企業或是商務人士都需要因應這股浪潮做出改變。剛邁入二〇二〇年時，有多少人預料到東京奧林匹克無法於該年度舉辦，至今為止又有誰預測到遠距工作會急速發展。面臨「VUCA」[2]時代的我們，不安定的因子正在增加中。

2 指的是由Volatility（易變性）、Uncertainty（不確定性）、Complexity（複雜性）、Ambiguity（模糊性），取首字母組合而成的新詞。

企業若要在如此不安定的世界存活，當務之急是選擇從外部任用能應對全新時代的人才，抑或是培育公司內部員工，商務人士也必須背負風險，擔心至今為止每天的例行工作可能會突然消失，因此必須竭盡所能磨練自己的技能。現在的上班族不應該像以往一樣在公司的大洪流中仰賴職務輪調被動期待晉升，而是要親自調查哪些是新時代的必備技能，並積極學習掌握。

資料分析技能是未來商業上最需要具備的技能之一，這點無庸置疑。雖說企業期望掌握資料分析能力的員工越多越好，但在眾多企業中，業務和企劃等文科出身的員工佔大多數，人資部門的育成負責人和管理階層想必非常煩惱該如何是好。

我們能夠明確地告訴讀者們，只要遵循步驟執行，即便是「純到不行的文科人才」也能成為資料分析人才。如同本書開頭所介紹，我自己也是文科出身，三十歲時將「成為資料科學家」視為目標，這正是我的起點。

那時候的我因為「要從哪裡開始」而傷透腦筋，所以忘我地讀著書籍，學習分析工具，但當時的大環境和現在已經截然不同。此外，回過頭檢視自己的經驗，我看見了「絕對要把這個學會比較好」，以及「這個不用特別學」的部分，而這些訣竅和知識正是本書的基石。

在那之後我在任職的公司負責培育文科出身的候補資料分析人才，我們彙整所學的精髓，並落實在實務當中，幾個月後我成功讓所有員工具備一定程度的分析能力。而當時所運用的方法就是本書所介紹的5D框架的原型。

下一章節將以「人才培育」的觀點介紹5D框架的真正精髓。

## 2 能讓管理階層・領導階層理解的5D框架

資料分析人才培育根基的5D框架，就組織內部說，有幾項針對管理階層、領導階層的重點：

Demand：定義分析組織目的。

Design：設計分析組織。

Data：教導資料使用方法。

Develop：提升資料分析能力。

Deploy：讓分析結果也能在公司內部使用。

以下按照各步驟依序解說。

## 定義分析組織目的的「Demand」（需求）

### 被細分化的資料分析人才

如同前面所述，雖然都是「資料分析人才」，但有許多不同的類型，例如資料工程師、資料分析師、資料科學家、AI工程師、行銷分析師及行銷科技人員等。近年來資料相關的職種劃分越來越細緻，領域也越來越廣泛。

資料科學家協會所定義的「商業能力」「資料科學能力」和「資料工程能力」等三種能力，就是所謂「資料科學家」的必備技能，但實際上三種能力兼備的全能特殊人才幾乎不存在。許多資料分析人才都有自己擅長和不擅長的領域，若是要從外部聘雇資料分析人才，必須針對企業的課題，從「所需的技能組合是什麼」開始定義。

當領導高層拋出一句「我們也來聘雇資料科學家吧」時，我們會反問「究竟資料科學家」這個名詞，其所隱含的是這些被細分化的技能中的哪一個項目？恐怕有極高的機率，企業高層們並沒有明確釐清箇中差異，只是沒來由地說出資料分析人才的總稱「資料科學家」罷了。

## 好不容易聘僱了，卻發生人才錯置

被下達如此曖昧不明指示的人資部門，又該如何是好？因為和電腦相關，所以先向IT部門詢問資料分析人才所需的特質、技能和經歷，以及在公司外部的研討會蒐集情報。然而不幸的是，不同部門對於資料科學家所想像的樣貌、輪廓和特質各有不同，回答的內容也莫衷一是，反而讓人資部門更加混亂。例如，按IT部門的建議，費盡苦心獲得要找「工程能力強」的資料分析人才，但因為從頭到尾沒有釐清「哪一項工作需要資料分析人才負責」，所以在實際進行工作配階段時，雇用部門和被雇用的資料分析人才都感到相當混亂。

經常聽聞的狀況是，因為雇用部門和人資並沒有理解實際業務內容需要何種技能的資料分析人才，導致聘雇人才錯置的問題發生。舉例來說，雇用部門需要的是行銷類型，具備廣泛分析能力和知識的資料行銷型人才，但卻誤以為「既然都是資料科學家，只要和資料有關，應該什麼都會吧」，於是聘雇了ＡＩ工程師。但事實上被雇用者只想專心於ＡＩ演算法開發，即使面試時回答「做得到」，實際進到公司後會因為都在處理行銷分析案件而心生怨念，導致離職。上述類型的案例層出不窮。

資料分析人才本身的招聘倍率仍然居高不下，處於求過於供的狀態，因此轉職門檻並不高，若在該職場無法做到自己想要做的分析工作，追求的環境也和理想有出入時，相關人才就會直接離職。隨著這類案例增加，「資料科學家馬上就會離職」的負面印象也會深入人心。

## 除了公司外部，也要放眼公司內部人才

為了避免人才錯置發生，除了企業方必須切實掌握資料分析人才細微的技能差異外，現場也必須刨根究底釐清所需的分析人才類型。說來容易但做起來難，雖然非常能夠理解企業主在面試時看到具備優秀經歷的人才，就想聘雇的心情，但請先將焦點從外部移回內部。因為公司內的人才培育尤為重要，說不定公司內正埋藏著能成為資料分析人才的原石呢！

我過去任職的企業中，行銷、業務、銷售現場出身的員工佔壓倒性多數，而少之又少的理科員工則隸屬於ＩＴ部門。在這種狀況下，雖然我是為了強化分析部門而受指派加入，但當時並沒有能被稱為資料科學家的人才存在。以分析人才名義被人資拔擢的是ＣＲＭ行銷部門的現場負責人，以及顧客服務中心的負責人。這兩名員工同樣為不是數理科系出身，所以對於統計或分析當然也是完全零經驗的新手。甚至連Excel變數的使用方法也不太在行。但即便是這樣的人才，只要好好教育，也能以資料分析人才的身分活

躍於職場。

以我個人的經驗來說，有非常適合程式設計的人才，同時也有完全不適合的人才。但若說到不適合程式設計的人才，是否就不適任資料分析人才，我認為這完全是兩碼子事。這些人才雖然都是以資料分析人才名義被拔擢，他們同樣不擅長程式設計，卻並沒有對市售的分析工具產生抗拒。

要缺乏相關經驗與背景的人突然閱讀會出現大量數字和公式的統計學教科書，這可能會讓他們頭暈目眩。但若拋棄程式設計這個選項，嘗試使用市售的分析工具，就能發現除了四則運算之外，其實不太需要運用到數學。雖說或許會被每天運用高超的ＡＩ和深度學習技術的人駁斥「不學高階數學和統計學不可能做好分析。你做的那些事根本不能稱為資料分析」，但在實際的商業現場上，經常使用到的分析手法其實相當有限，若提供工作現場不需要也無法理解的東西，我認為只是單純在浪費時間而已。

## 分析的目的是什麼？

若將公司內部向分析團隊提出的需求進行定義，大致可以分為三種：

①針對行銷宣傳策略迅速輸出分析結果。
②針對實施策略的創意發想和啟發。
③將資料視覺化，讓領導高層能一目瞭然。

首先是第①項。對於每天持續執行全新的市場行銷策略PDCA循環的現場來說，最重視的就是速度。必須配合速度持續輸出分析結果。若以餐廳為例，就像是時常處於中午尖峰時段的定食餐廳一樣，不停反覆甩著炒鍋的狀態。

接著第②項並非只是單純提出評分DM配發的顧客名單結果，而是要釐清該顧客從過去購買的產品中，呈現什麼樣的需求，又是因為什麼原因購買，並從這些需求描述中描繪出顧客的形象，落實於行銷策略中。

以分析層面來看，若使用XGboost或LightGBM等高級分析手法，精準度勢必會提升，但要在現場和真實情況下實施行銷策略，以這種不透明的輸出結果想像顧客的樣貌是非常困難的一件事。犧牲精準度，以說明力為優先，有許多狀況都是運用第二章說明過的決策樹分析等手法。在市場行銷領域中，重點是針對顧客的需求和渴望，盡興創意發想，並在最適合的時機點，傳遞打動顧客內心的行銷訊息。

第③點則是能讓忙碌的領導高層在自己喜歡的時間點確認經營指標儀表板，且能夠自行深入研究的需求架構。除此之外，經營指標也必須根據不同狀況，持續追加全新的事物，因此需要時常想像迅速又簡單明瞭的UI/UX，並持續將其應用於儀表板製作上。

如果是從零開始打造分析組織，在一開始的時間點，根據所需的機能訂定團隊的聚焦點、方向性以及需求的「人物誌」是非常重要的。若要在短時間內將有限的資源育成為可以投入實戰的戰力，首先必須全心全力投入需要的機能。倘若公司本身的方針有所改變，所追求的方向當然也有可能隨之變化，但屆時只需要視情況靈活應對修改，先釐清需要什麼，再依照需求描繪人才培育計畫。

上述內容可以整理成以下流程，首先掌握經營需求，接著理解需要的機能，最後再按照機能培育人才。

Point

## 「什麼是人物誌」

市場行銷用語中有「目標客群」和「人物誌」兩個名詞。「目標客群」指的是想要提供特定的商品或服務的對象（或是已經提供商品或服務的對象），粗略鎖定顧客的屬性等。而「人物誌」則是挖掘得比目標客群更加深入，詳細設定各項資訊，宛若真實存在的人物一般。舉例來說，目標客群會是「三十歲至三十九歲、男性、已婚、居住於東京都內、家庭年收入八百萬日圓以上」，人物誌則是

「三十八歲、木下藤吉郎（假名）、三年前和小自己三歲的女性結婚、居住於世田谷區二子玉川的徒步圈內、雙薪家庭、年收入一千一百萬日圓」。

單純製作DM配發名單，只需要目標客群程度的資訊即可，但目標涉及如何呈現創意思考（廣告內容），討論想要強調的訊息時，若不描繪想像人物誌，就無法構思出更具體打動人心的訊息。此外，和市場行銷負責人討論分析結果時，若有彼此都認識，條件與人物誌吻合的顧客對象時，討論過程就能更加順暢。然而，若資料分析做得虎頭蛇尾，隨便製作人物誌，用完全錯誤的顧客印象執行，就會引發大問題，因此請謹慎細心考察公司內外部的資料後，再製作人物誌。

## 設計分析組織的「Design」（設計）

### 選擇程式設計或是ＧＵＩ工具？

當資料分析團隊所需的必要條件定案後，接下來的課題是進行人才培育的規劃。方法有兩個。其中之一是讓員工去參加外部企業所舉辦的Python或R等短期講座，再根據情況慢慢花時間一步步進行深入分析。另一個方法是，一開始就購買不需要程式設計知識就能操作的市售分析工具，在初期階段一邊累積實戰經驗，一邊培育。簡而言之，前者是運用程式設計的能力，後者則是操作ＧＵＩ工具。

只要學會Python等程式語言，就能更加廣泛地進行分析，在人才市場的評價也會隨之提高。然而，在商業領域中，時間是比什麼都寶貴的，若是將時間花費在學習程式操作上，而不是著眼於原本的目的——分析工作，這能稱得上是正確的選擇嗎？分析團隊的目標是提供能夠協助組織業務改革，以及改善決策的分析結果，至於分析方法的運用，說到底也不過是導出分析結果的一個手段罷了。

若以旅行或出差為例，雖然已經決定好必須前往的目的地（分析的目的），但抵達的手段可以依據狀況靈活調整，有公車或電車（委託外部公司）、自用汽車（自己進行分析）等各種不同的方式。如果選擇自用汽車，未必一定要選擇手排車，也可以多花些錢選擇自排車。

以操作GUI工具的方法來說，需要考量的問題點是導入分析工具的費用。Python和R會受到大眾喜愛，原因是因為只要學會程式用法，就能免費靈活運用不同函式庫，進行各式各樣的分析。但若是以時間成本的角度思考，要讓一名員工仔細熟記Python的操作方法往往需要耗費好幾個月，至於使用GUI工具分析的廣度雖然較Python遜色，不過學會GUI工具使用方法的速度遠比熟記Python還要快上許多。

## 種類繁多的分析工具

近幾年來，資料分析相關的軟體急速增加。在我踏入這個業界的十幾年前，說到分析軟體主要大概就是SPSS、SAP和Matlab幾種而已，反觀現在，不同機能還有各式各樣相對應的工具。雖然價格有高有低，但不同以往的是現在訂閱制蔚為主流，許多工具只要每個月花費幾萬日幣即可導入。依工具類型區分，概略說明如下：

● BI工具

BI工具指的是以儀表板呈現經營指標，將資料視覺化的工具。大致上有Tableau、Domo、Power BI、QlikView、Yellowfin和Thought Spot等幾種。近年來這些操作性極度優秀的軟體尤其受到大眾歡迎，即使是分析新手也能輕鬆跨出第一步，從各種不同的角度分析資料。可說是最適合讓新手學習從不同視角和觀點分析資料的工具。

● 加工・總計・建模

有SAS、IBM SPSS、Alteryx、MathWorks和nehan等幾種工具。分析資料時，會有只需要使用單一檔案（Excel或CSV）的時候，也會有需要將顧客ID作為單位，橫跨多樣資料來源的情況。以該情況來說，使用這類型的GUI工具，可以取捨和總計需要的資料，操作方式也非常簡單。除此之外，這類工具的功能廣泛，包括經常會使用到的決策樹、迴歸分析和聚類分析等，以及模式發掘・分類・預測類型的分析手法也都涵蓋在內，因此使用者包含分析新手到老手，非常廣泛。

● 自動分析（AutoML）

有DataRobot、DataVehicle、dotData和H2O.ai等企業。最近幾年，自動分析類型不斷急劇變化，眾多企業也相繼導入使用。自動選擇複雜的機器學習手法是其中的優勢，所以即使不懂高級數學或統計的新手也能製作出模組。舉例來說，只要讀取CSV檔案等，再指定想要預測的變數，軟體就會自動嘗試各種不同的機器學習手法，立刻計算出最適合的結果。像是特徵工程和超參數的設定等，若不是非常熟練的資料科學家就無法應對，但正因為自動分析類型的工具能讓任何人都做到資料科學家才能完成的分析，所以普遍認為會在未來成為一大勢力。

與其耗費大量時間尋找適合的資料科學家人選，卻來要冒著聘雇後發生人才錯置的風險，不如花錢購買分析工具，讓公司內的員工迅速展開分析專案，才不會導致機會損失，執行起來反而出乎意料的順利無礙。當然，如果自己的團隊需要的是能從總計做到視覺化的工具，只要導入ＢＩ工具即可，但若還需要預測模組等工具，就需要導入更高機能的資料探勘工具。但若一下子導入規格完備的高機能工具可能也用不上，反而是浪費，因此只需要依據Demand，從最基礎的地方開始就好。

以比較Python和操作IBM SPSS Modeler為例說明。這是個單純以群組區分的聚類分

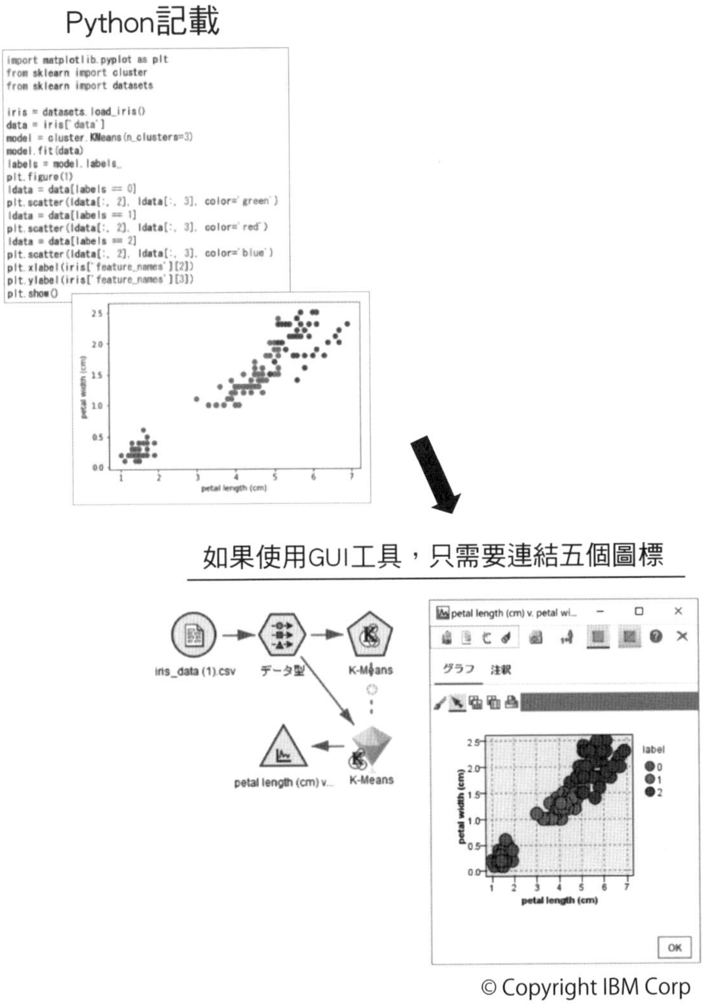


圖表3-1　程式設計和GUI工具的比較
（資料來源：IBM）

析範例（圖表3-1）。如果以Python的程式語法記載，如左圖所示。而GUI工具則如右圖一般，只要連結五個圖標就會出現完全相同的結果。

若將分析工具比喻成汽車，就像是手排車（程式設計）和自排車（GUI）的差別，配合引擎的迴轉數換檔的精細作業是程式的優勢，而一般通用的分析作業只要使用GUI，無論是誰都能輕鬆做到。我本身也喜愛將Tableau作為視覺化工具，而加工・總計・建模則主要是使用IBM SPSS Modeler。

## 教導資料使用方法的「Data」（資料）

### 育成流程

文科資料分析人才的流程彙整過後，如圖表所示（圖表3-2）。

因為是從不曾看過也不曾聽過「資料分析」的狀態開始育成，所以要先讓他們熟悉

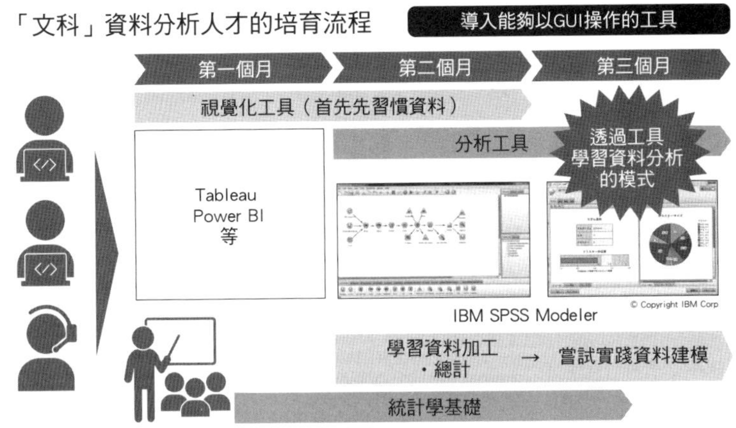


圖表3-2　文科資料分析人才的培育流程圖
（資料來源：IBM）

資料。Tableau的UI和操作性都很精簡，練習和網路參考資料也相當豐富，因此可以參考這些資料，透過實際運用，以各種不同的觀點逐步學習資料的視角和視覺化技法。

再進行培育時，為成員設定在工作時間內創造可以好好學習的時間，內容是概略解說統計學的基礎。一個月之後大致已經熟悉Tableau的操作方法，也能操作簡單的資料加工（複數檔案結合），接著從第二個月開始可以再往上提升一個階段，透過IBM SPSS Modeler學習使用更複雜且大量的資料進行總計和加工等手法。

若是讓一個從來沒有進行過資料分析的人從

這個階段開始，會因為不了解「資料的形式」「外部結合」和「內部結合」等關鍵字是在什麼情況下執行而陷入苦戰。因此必須在開始的第一個月確實理解這部分的概念，才會認同「執行這些操作內容的原因」。

進入第三個月後，可以嘗試製作簡單的預測模組和聚類分析的手法，這部分的學習重點一樣是從確實理解目的開始，讓成員在執行預測模組和聚類分析，養成時常思考實際的商業現場可以做到什麼事的習慣。經過這樣三個月的訓練之後，應該就可以讓成員處於能夠掌握所有現場所需技能的狀態。

## 問題解決思考和邏輯思維

在執行資料分析時，最重要的是本書所介紹的5D框架。該框架的五個步驟中，只要有任何一步沒踩穩，都會導致後續發生問題。為此請依照下面的步驟順序進行思考，順序為訂定（Demand）、設計整體計畫（Design）、蒐集資料（Data）、進行分析

（Develop），擴展（Delopy）。

對於社會人士來說，解決問題的思考能力和邏輯思維是必備技能，但事實上有許多人是即便閱讀書籍仍然一知半解，也無法實際應用於實戰中。有以上困擾的讀者，建議務必使用分析工具從各式各樣的角度了解資料，嘗試資料加工和計算。如此一來，就能自然而然學會問題解決的思考能力和邏輯思維。

使用類似Tableau的視覺化工具，可以學習解決問題的三個基本步驟「Where（地點）」「Why（原因）」「How（方法）」中的「Wherer」和「Why」兩項。

以「Wher」來說，光是目不轉睛只盯著資料看，除非是非常厲害的天才，否則腦中根本不會浮現新的想法，這時就要思考「哪裡會有問題？」「是商品的種類嗎？」等假說，再運用實際資料進行操作，就能馬上驗證。

此外，也會自然而然進行MECE（不重複、不遺漏）思考，思索「只要以這套資料作為解析對象嗎？不需要包含其他類別嗎？這些屬性就足夠嗎？」等問題。若要學會解決問題的思考框架，必須在眾多的案例中，累積透過ＭＥＣＥ法則分解問題的經驗。雖然運用試算表等也完全沒有問題，但當需要反覆測試好幾種模式時，使用專門的視覺化工具會快上許多。與其花大把時間在辦公桌上模擬，不如粗略設定假說，使用真實資料嘗試錯誤，生產性會更高。

## 運用Where鎖定問題和部分課題

以下舉例說明。假設收到行銷部門的委託，內容是「某項商品的營業額突然急速下降，請協助進行分析」。以該狀況來說，首先先綜觀全體，以３Ｃ分析法觀察市場和競爭對手的動向，接著再檢視自家商品的銷路。假設市場和競爭對手都沒有問題，可以將問題做進一步釐清：該商品是平日的銷售量下降，還是假日時才下降；是全國性下降，還是唯獨某個地區有發生這樣的問題；是全年齡層不分性別下降，還是只有特定的年齡層或性別下降；是所有類別的商品下降，還是只有該商品的營業額下降等，只要使用

ＢＩ工具，即可輕而易舉完成分析。透過此方法，就能鎖定「Where」（環節，釐清哪裡有問題）。

在ＢＩ工具出現之前，使用Excel解釋資料，彙整分析結果的作業曠日費時，但隨著Tableau等工具的出現，作業時間被大幅縮短，而且只要理解邏輯思維的要領，無論是誰都能輕鬆完成。

## 運用Why深層探究，深入挖掘問題的原因

藉由反覆針對運用Where找出的可疑之處詢問「為什麼」，並查明問題發生的原因。這就是「Why分析」。例如，透過Where分析得知，三十歲至三十九歲的客群平日夜晚業績下降。以該案例示範如何運用Why深入挖掘。

針對屬性嘗試深入挖掘後發現，家庭主婦的消費頻率沒有變化，但工作的女性消費頻率卻下降。再使用ID-POS資料深入探究後，得知相同的商品在平日的中午和假日的

業績有些微上升，購買該商品的是二十歲至二十九歲和三十歲至三十九歲有在工作的女性。從針對該年齡層進行的問卷中找出關鍵字，再將關鍵字視覺化，發現「在家工作」「增加」「一次購足」等暗示生活型態產生巨大變化的訊息出現了。而我們從這些訊息，可以看出產生變化的原因（建議讀者們再往下挖掘兩階段左右）。

向下挖掘，進行Why階段的分析時，必須注意我們容易有偏向領域知識往下探究的傾向。為了避免偏頗，可以透過各式各樣不同的思考框架思索。不需要刻意學習特殊的思考框架，只要選擇普遍使用、普遍的框架即可。舉例來說，透過PEST[3]分析，確認是否有會引發大環境產生巨大變化的導火線，運用3C[4]分析，了解競爭對手所進行的戰略分析和顧客需求是否產生變化；商品整體的價值鏈中，是否存在會導致顧客滿意度下降的原因。深入探究課題時，若只針對自家公司的資料探討，所能知道的事情會非常侷限，因此也必須積極取得外部的公開情報和付費調查資料。

## 運用How思考解決原因的對策

若已經深入挖掘到目前的程度，思考戰略對策相對容易。這就是「How分析」。假使資料分析團隊需要提案解決對策，可以充分活用這些來自行銷、銷售現場、業務領域出身成員的知識。現場累積的經驗融合資料分析結果之後，即可組織成市場行銷的洞察報告。在提供這份洞察報告給委託方時，為了讓對方理解得更為透徹，良好的提案能力和溝通能力缺一不可。即便分析的內容優秀，邏輯堅實，如果無法把概念傳達給對方也毫無意義。無論是提案能力，或是溝通能力，都能反覆透過特定類型的角色扮演和實戰徹底練習。若能從此確實塑造出屬於自己的形式，往後不論面對任何場合便都將能以自己的步調順利表達。

---

3 政治（Politics）、經濟（Economic）、社會（Soci）、技術（Technology）

4 顧客（Customer）、自家公司（Company）、競爭者（Competitor）

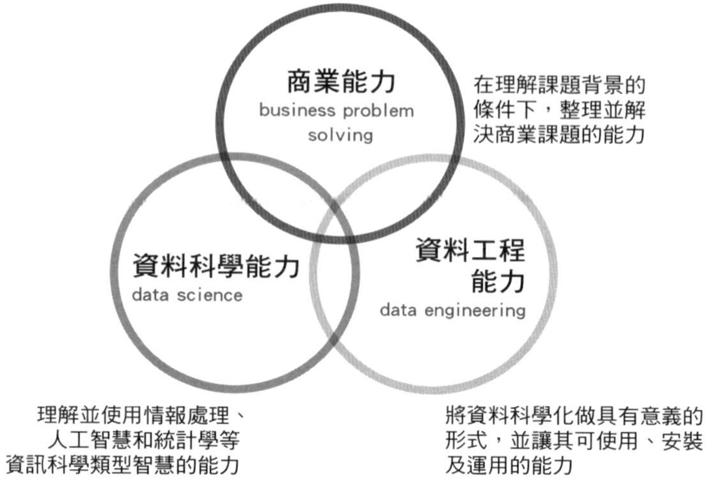
商業能力
business problem solving
在理解課題背景的條件下，整理並解決商業課題的能力
資料科學能力
data science
資料工程能力
data engineering
理解並使用情報處理、人工智慧和統計學等資訊科學類型智慧的能力
將資料科學化做具有意義的形式，並讓其可使用、安裝及運用的能力

圖表3-3　資料科學家必備的三項能力
（資料來源：資料科學家協會）

## 稍微超出領域，就能解決眾多課題

資料科學家協會定義了三項「資料科學家必備的能力」，包括：「商業能力」「資料科學能力」和「資料工程能力」（圖表3-3）。

事實上，三項能力都兼具的人才根本極其稀有。兼具「資料科學能力」及「資料工程能力」的人才相行之下人數較多，「商業能力」還是必須在現場從實際工作經驗中學習領域知識和人際關係技能，因此相對來說也比較難以習得、掌握。

這項事實意味著，業務經驗豐富的業

| | |
|---|---|
| 商業 | ・理解各業界的領域知識和市場行銷知識<br>・整理商業課題，設立運用資料分析解決的問題假説<br>・保險業務的基礎知識，公司內外的溝通能力 |
| 資料科學 | ・理數理統計、情報處理、人工智慧等資訊科學類的知識<br>・選擇、活用適切的分析手法和演算法<br>・掌握分析手法相關的最新趨勢，並應用於工作業務 |
| 資料工程 | ・デ連結資料庫，整備維護、運用資料<br>・靈活運用程式和工具進行分析，安裝模組<br>・將大量資料視覺化，彙報計算結果 |

圖表3-4　三井住友海上的定義方式

務部門、銷售部門，甚至是客服部門員工擁有領域知識和人際關係的相關技能，因此具備扎實的基礎商業能力。而若想要提升戰略思考和提案能力，強化商業能力，只要運用分析工具稍加學習資料科學能力和資料工程能力，就能擁有足夠的資料分析領域戰力。

順帶一提，在我們所任職的三井住友海上，將資料科學家協會所說的三項能力各別定義成圖表3-4所示。商業領域的知識和溝通能力是必備的能力，而分析這塊雖然也會學習Python等程式語言，但同時也建議時常運用IBM SPSS Modeler和Tableau等工具。

## 提升資料分析能力程度的「Develop」（開發）

### 「不懂時馬上發問」

若已經提升資料處理的方法和商業能力，要讓非數理專業的成員將分析能力層級提高到一定程度也不是件難事。唯獨要再往上提升一個層級時，勢必會碰到公司內部資源的關卡。

面對這種狀況，如果有一定程度的額外預算，可以請外部分析公司的人員派駐公司一段時間。專業資料分析顧問公司的派遣人員，根據能力層級每個月的費用從約一百萬日幣起價不等。派駐時間設定為三個月左右，若能在這段時間打造片刻不離身，有問題隨時發問的體制，即可增加引導各成員資料分析相關知識和訣竅的機會。

雖然每間公司各有不同，但基本上由使用Python或R的資料科學家所組成的公司，有可能無法提供IBM SPSS Modeler等類型GUI工具的協助，因此必須事先確認。

剛開始以資料分析師的身分展開職涯時，經常會碰到這樣的狀況：搞不清楚工具操作和分析方法，即使上網搜尋或詢問工具軟體的客服平台，仍然不知如何是好。這種時候如果有一位長期派駐的專業人員，碰到問題時就能隨時發問，對於組織剛起步的時期來說，這樣的存在十分能穩固軍心。

## 怎麼可能不失敗？

育成資料分析人才時，需要留意的一點是「建立心理安全感」。站在公司的立場來看，因為花費了時間和金錢進行育成計畫，身為管理階層也難免會有期待員工盡快成長的心情。

5 嘗試錯誤又稱為「試誤」，是一種解決問題的方法，做法很簡單，就是不斷地試驗，並從中找出可以成功解決問題的解法。英文為trial and error。

然而，當這份期盼變成壓力，就會形成畏懼失敗的氛圍，反而會導致成長速度急速下降。資料分析的學習路上，一定會伴隨著失敗，因此必須事先讓成員們對於不斷嘗試錯誤[4]以求成長的心理準備。

這也意味著「不懂」時馬上發問的體制是有效的方法之一。此外，管理監督者也應該留心創造「即使說錯也不批評」的默契，醞釀成員們能不分職位階級，輕鬆發言的團隊氛圍。

《失敗的本質——日本軍的組織論研究》的作者野中郁次郎先生所提倡的ＳＥＣＩ模式簡化應用也非常有效。ＳＥＣＩ模式強調，只要持續不間斷執行這些過程，即可從中生產出全新的知識。

■ **社會化（Socialization）**：藉由共同體驗進而獲得、傳達隱性知識的過程。

■ **外在化（Externalization）**：將獲得的隱性知識轉換成可以互相共享的顯性知識。

■ **組合化（Combination）**：將數個顯性知識相互組合，創造出全新顯性知識的過程。

■ **內隱化（Internalization）**：以可以運用的顯性知識為根基，親自實踐，領悟該知識的過程。

初期階段，必須持續且時常公開共享，將隱性知識轉化為顯性知識，不要一個人獨佔新的知識或承擔失敗的結果。在這裡，我要建議讀者：即便公司採不固定座位制，一開始的幾個月還是可以坐在附近，拉近彼此的物理距離。最重要的是建構能毫無顧忌輕鬆談話的關係。閒聊是最有效的方法。雖然現在已經是令和時代，但很多企業仍然存在有昭和時代的觀念，禁止員工在工作時間閒聊的管理階層。但適度的閒聊能夠消弭隔閡，也能讓溝通變得更加通暢。新冠肺炎肆虐增加了遠距工作的機會，同時也讓員工們面對面溝通的機會減少，正因為處於這種情況下，更需要花心思提高溝通頻率，以構築彼此能毫無顧忌互相討論的關係為目標。

## 育成人才時常見的錯誤

在從非數理領域的部門挑選成員，育成資料分析人才時，最大的重點不可焦躁。除此之外，也需要注意以下幾點：

### ①分析手段僅限於程式設計

作為一個主管，若只因為發現了免費的Python和R等程式語言免費就否定購買付費工具，可能會眼睜睜讓得來不易的可塑人才流失。即使不擅長程式設計，或許其中也隱藏著只要運用工具，就能進行完善分析資料的人才。另外，如果能靈活運用像是Tableau Server等能和成員們共享的工具，就能以有效率的方式和沒有參與資訊處理的成員共享知識和情報。

## ②不小心說出「同樣的事情問了好幾次」

只要有不懂的地方，同樣的問題無論被問幾次都沒關係，如果大家能有這樣的胸懷，反而能提高生產力。一直處於不懂的狀態，對問題置之不理，反而會引發惡性循環。職場上經常會有把「嚴厲」誤認為是培育或指導下屬法則的主管階層，但當下屬開始畏懼被嚴格對待時，彼此的溝通會因此減少，對生產一點幫助也沒有。

### ③不要突然提出要求或把難度拉得過高

想要提升分析的層級時，或許會遇上需要高等數學知識的狀況；有時也會因為統計知識不足無法解決課題。這種時候要保持正向心態，一面接納嘗試和失敗，一面等待團隊成員逐漸成長。

## 讓分析結果也能在公司內部使用的「Deploy」（部署）

### 其他部門的「商業能力」

即使是沒有任何資料分析經驗文組科系的人員，只要三個月左右，就能做到一定程度的資料分析。而若想在這方面有更長足的發展，除了「資料分析」外，掌握「商業能力」也非常重要。在這裡，「商業能力」指的是機靈敏銳地感受現場的聲音、渲染現場，執行資料分析結果的能力。

當我這樣的文科系出身的團隊人員被育成為資料分析人才後，仍然會持續強化發現問題及解決問題、市場行銷框架、提案能力和溝通能力。雖說這樣的人才大多來自其他部門，已經和之前的部門建立了深厚的人際關係，所以能和原先所屬部門，甚至是和現場的員工（若原先是在現場的第一線人員）進行密切溝通。但彼此之間也沒有緊密到到，能夠透過資料分析結果讓現場展開行動的程度。

拔擢現場的文科生人才時，需要注意的是，如果當下已經建立前後輩的上下關係，當舊部門前輩人數較多時，容易引發被輕視、臆測，不願意接受意見的狀況發生。

資料分析團隊格外需要突破前後輩的框架，下工夫實施能讓對方認同自己的策略。以公司資歷較長的員工特徵來說，時不時會看見他們喊著「自己的工作內容比較特殊」「和一般的商業不一樣」，激烈反對全新知識的相關提案。如果把分析到市場行銷戰略這一連串的過程全部丟給外部企業處理，不曾有過絞盡腦汁思考的經驗的話，會築起一道「我們無法靠自己達成」的牆。

若要打破這道牆，必須要有能打動人心的提案能力和溝通能力，而在這背後不可或缺的是，透過確切的事實而印證的框架而導出的邏輯核心。

## 靈活運用框架

解決問題的能力和市場行銷的框架，並非讀完一本書就能掌握。提案能力和溝通能力也是如此。我會建議各位捨棄淺碟式的心態與方式，專注使用一種框架，經歷實踐後得到成果的過程。

舉例來說，市場行銷戰略領域中的知名顧問——佐藤義典先生所提倡的「戰略BASiCS」框架就非常好理解。以下所示雖然只是簡單的概念，但它其實是一個結合了競爭對手戰略和顧客思考等多元要素，非常便於靈活運用的框架。我在培育人才時，第一步就是不停反覆說明，讓該框架的概念深植於員工的腦海中。

B（Battlefield）：哪個戰場？
A（Asset）：能夠發揮的優勢資產是什麼？
S（Strength）：優勢是什麼？
C（Customer）：顧客是誰？
S（Selling Message）：發揮優勢、活用資產資產，能夠打中顧客內心的訊息。

說明市場行銷相關輸出結果時，運用BASiCS框架進行說明也非常有效。例如，已經明確知道某健康類商品的目標客群時，若運用BASiCS框架，可以像下列一樣進行說明。

B（戰場）：足部與腰部的強化戰場。

A（優勢）：反應品牌力。

S（具體內容）：問卷結果顯示，在減輕膝蓋負擔的方面受到肯定。

C（顧客）：住在較繁華的市中心的團塊世代。

S（如何打動人）：會被年輕、朝氣蓬勃的詞彙吸引。

如果要做到描繪人物誌這一步，可以運用TPO[6]的觀點，思考起來會更清晰簡單，同時也能有效應用在策略執行上。以一般的購買資料為例，只要根據什麼時候（Time，早上、中午、晚上等），在哪裡（Place，店面、網路、特定賣場等）、什麼場合（Occagion，婚喪喜慶、開學典禮、畢業典禮）的觀點劃分資料，就能明確知道顧客追求的是商品的哪個環節。雖然TPO這套框架本身非常普遍，但因為單純、且通用性高，所以向管理階層和經營階層說明時也非常容易。

## 理解「完成目標任務理論」

「理解顧客」對資料分析師來說，是非常重要的事。若要進修這部分的知識，推薦讀者可以研讀克雷頓・克里斯汀生（Clayton M. Christensen）教授的「完成目標任務理論」（jobs to be done）。「目標任務」的意思是，「特定情況下顧客想要完成的事」，以淺顯易懂的例子說明的話，消費行為是為了解決「社會」「機能」「情感」其中的任一課題（目標任務）而「聘僱」（＝購買）「商品」。雖然這是市場行銷領域中最核心的部分，但只要在理解完成目標任務理論後，再進行資料分析，就能對「這位顧客究竟

---

6 Time Place Occasion

是因為渴求什麼，而購買商品」產生更深入的了解。舉例來說，運用TPO或Where分析找出課題時，雖然會針對「為什麼」往下深入挖掘，但當下若能利用「完成目標任務理論」掌握顧客特質，眼前就能浮現出更具體的顧客人物誌，向其他部門說明時，也能更具說服力。

若因為剛成為資料分析團隊領導沒多久，所以本身還沒定型，可以先靈活運用既有的市場行銷框架，反覆徹底練習，努力內化成自己的技術。掌握框架這件事，就如同將腦中的作業系統升級一般。當團隊全員將框架化為共通語言時，團隊整體的思考層級將會跟著提升。站在率領資料分析團隊的立場看來，了解分析手法的核心的確是加分，但並非絕對必要。反而是像這樣針對分析成員提出的分析結果進行檢查，確認是否遵循框架執行分析，內容是否具有說服力，並提供建議才是更加重要。

## 輸出結果沒有被使用？

分析結果若沒有被拿來運用，就完全沒有任何意義。站在管理資料分析團隊的立場，必須發覺並排除阻礙團隊活用資料分析的障礙。例如：和資料分析團隊成員立場對立，卻負責市場行銷的部門；以及明明身為CRM部門的負責人，本身對於市場行銷戰略的知識卻不夠充足，或是其他人更不擅長「理解資料」。

面對這種狀況，可以針對該部門舉辦市場行銷框架相關內容的讀書會，或是事前個別取得該部門管理階層的理解，請他們直接下達指示。

資料分析團隊成員隨時懷有開拓困難道路的態度和想法非常重要。以結果來說，現場若能將分析結果拿來運用，不僅能建立團隊成員們的信心，提升對管理階層的信賴程度，同時也為團隊打造好的循環。

## 3 什麼樣類型的人，適合資料分析的相關工作？

### 沒有數字腦、也適合資料分析的人才類型

如果是很沒有數字概念的人，還是可以跨領域掌握資料分析的技術嗎？我想讀者們都已經從前面的章節與說明得到解答——即使是非數理科系出身，往往自認為或被認為相對比較沒有數字概念的人也能成為資料分析人才。想當然，這裡所講述的資料分析人才是指具備工作所需最低程度的商業能力、資料科學能力和資料工程能力，高階演算法開發和ＩＴ類技能等不在討論範圍內。若需要這類人才，可以選擇聘任專業人才等其他方法。

在企業內部眾多部門的員工當中，什麼樣類型的人適合資料分析的相關工作？在參

與育成人才的過程後，我發現具備以下特質的人更能出現大幅度成長：

- 具備商業課題意識
- 有上進心，自發性學習
- 能和周遭的人溝通
- 擁有靈活柔軟的思維
- 坦率、認真、孜孜不倦

說得直白一些，其實以上列出的任一項都是身為商務人士理應具備的基礎，並不是值得提及的特別能力。換句話說，只要上述能力達到最低程度標準，即使是在原來的崗位上，看起來非常普通的人，不論是誰都有可能成為資料分析人才。

## 非數理背景的資料分析人才，擁有什麼樣的價值？

概略來說，只要確實遵循步驟，企業認真培訓人才，就能將原先隸屬於業務、行銷或是銷售現場等與ＩＴ職位毫無關聯的員工或團隊成員培訓為資料分析人才。因此，相形之下，育成之後的配套措施和輔助便顯得更為重要。

市場對於具備一定程度資料分析能力的銷售、業務，甚至客服人才需求大增，同時在轉職市場的價值也急速升高。然而，還是有許多企業對資料分析的評價未能提升，即便員工拚盡全力學習技能，也沒有獲得加薪等適當回饋，不滿的情緒逐漸升溫，最後導致員工離職。

近年來，許多企業也相繼打出由大企業發起的「工作型雇用」變革，導入和年功序列制完全不同的雇用體系。即使員工是因為業務上的需求學習資料分析技能，但若沒有根據市場現況評估技能的價值，靈活改善報酬體制回饋員工，育成所花的時間和金錢都將可能收不到回報。

## 4 商業數據翻譯師——將「資料」變現的關鍵人物

### 資料分析師和現場的隔閡

資料分析師和現場負責人之間，時常有可能會產生如圖表3-5的隔閡。分析負責人抱持著「好不容易做出了模組，現場卻不願意好好拿來利用」「根本一點都不了解資料的重要性」的負面想法；另一方面，現場負責人也認為「分析的結果，對於現場來說根本不實用」「完全搞不清楚現場的狀況」，雙方都對彼此感到不滿。

即使各部門能夠自行育成資料分析人才，但若要公司從根本上消除這種隔閡，就必須改變企業文化。企業除了擁有設備、建築物等硬資產外，還有文化、思維、氛圍和歷史等軟資產。軟資產之一的企業文化，是每一間企業長年累月累積而成的產物，無法在一朝一夕間改變。面對這種狀況，只能堅持不懈，一步一步盡力調整。

## 「商業數據翻譯師」為什麼夯起來？

近年非常受到矚目的「商業數據翻譯師」（圖表3-6）是因應企業改革而生的職位。如圖表所示，這個角色會站在分析負責人和現場負責人之間，促進雙方的理解。

商業數據翻譯師所需的技能雖然不像必資料科學家一樣多，但對於資料分析手法有一定的理解，也知道分析工具基本的操作方法，他們具備業務經驗和實際成績，也擅於企劃思考。宛如某個角色扮演遊戲裡的賢者一般。

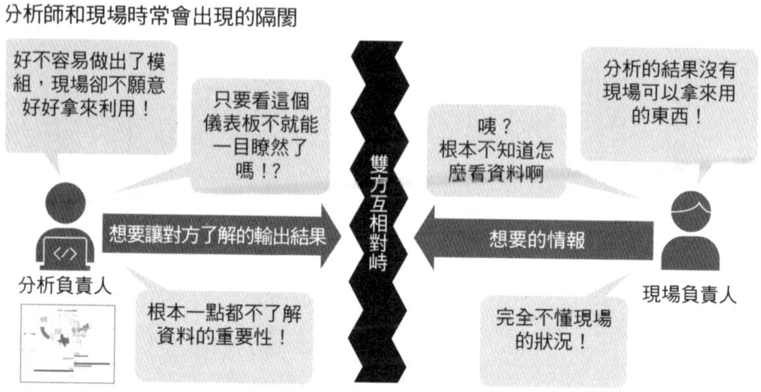

圖表3-5　分析師和現場時昌未出現的隔閡

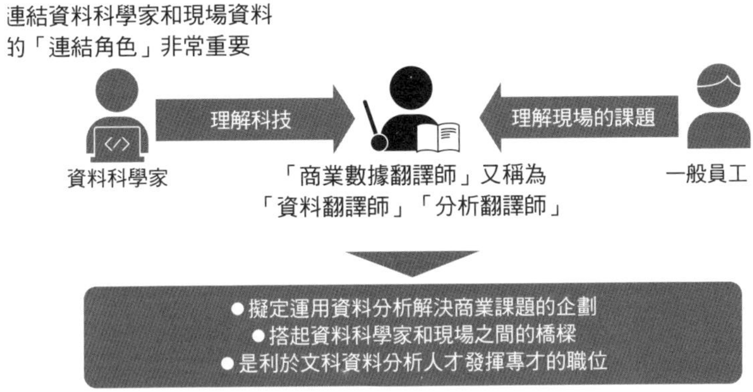
連結資料科學家和現場資料
的「連結角色」非常重要
理解科技
理解現場的課題
資料科學家
「商業數據翻譯師」又稱為
「資料翻譯師」「分析翻譯師」
一般員工
●擬定運用資料分析解決商業課題的企劃
●搭起資料科學家和現場之間的橋樑
●是利於文科資料分析人才發揮專才的職位

圖表3-6　商業數據翻譯師扮演的角色

大阪大學的延岡健太郎教授提倡了「SEDA模組」。由「Science」「Engineering」「Design」「Art」各單字開頭字母組成，硬是要說的話，「S」和「E」是理科，「D」和「A」屬於文科。近年大家都說兩要素平衡兼具的「SEDA人才」非常重要。雖說商業的世界是由SEDA人才領軍，但兩者兼具的商業數據翻譯師的輪廓形象更加吻合。

隨著AI等資料分析技術滲透至商業領域，浮上檯面的課題是如何有效利用和活用資料。從導入AI卻沒被拿來運用的經驗中得知，若是無法在分析師和現場間建立橋樑，分析專案就無法順利進

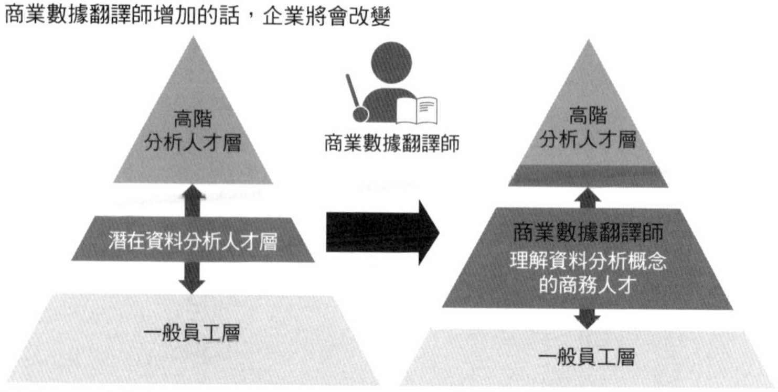


圖表3-7　商業數據翻譯師讓企業產生變化

行。綜觀全世界，未來會需要數百萬名的商業數據翻譯師。

「一定程度的資料分析技能」和「現場的經驗」，這兩個關鍵字或許已經讓某些讀者意會到其中的含義。至今為止講述的非ＩＴ產業、科系資料分析人才的育成方法，同時也是商業數據翻譯師的育成方法。

在將這類型的員工或團隊成員培育成資料分析師的過程中，當然也會出現「我不適合資料分析，想回去原本的職務崗位」的人。「培育經費都白花了」的想法並不適當，掌握一定程度的資料分析知識後，再回到原本職場時，可能能夠以該部門「商業數據翻譯師」的身分，成為資料分析專案的關鍵人物。只要增加商業數據翻譯師的人數，就有機會讓企業產生巨大的改變（圖表3-7）。

# 參考書籍


第二章參考書籍

《論點思考：找到問題的源頭，才能解決正確的問題》（經濟新潮社：內田和成著）

《失敗的本質：日本軍的組織論研究》（致良：戶部良一、寺本義也、鎌田伸一、杉之尾孝生、村井友秀、野中郁次郎 著）

《假說思考：培養邊做邊學的能力，讓你迅速解決問題》》（經濟新潮社：內田和成著）

《Art of Project Management》（O'Reilly Media：Scott Berkun著）

《市場行銷 程式入門》（暫譯）（上田 雅夫、生田目崇著）

《Marketing Metrics （Pearson Business Analytics Series）》（Pearson：Neil T. Bendle、Paul W. Farris、Phillip E. Pfeifer、Dr. David J. Reibstein著）

《市場行銷進化—創意Maket+ing發想》（暫譯）（同文館出版：水野誠著）

《實踐IBM SPSS Modeler—提升顧客價值分析》（暫譯）（東京圖書：西牧洋一郎著）

《Tableau資料分析～從入門到實踐～第二版》（暫譯）（小野泰輔、清水隆介、前田周輝、三好淳一、山口將央著）

《資料科學的建模基礎：別急著coding！你知道模型的陷阱嗎？》（旗標：江崎貴裕著）

《資料視覺化設計》（暫譯）（軟銀創意 SB Creative Corp.：永田由佳里 著）

第三章參考書籍

《圖解 實戰市場行銷戰略》（暫譯）（日本能率協會管理中心：佐藤義典 著）

《解決問題：克服困境、突破關卡的思考法和工作術》（經濟新潮社：高田貴久、岩澤智之 著）

《創新的用途理論：掌握消費者選擇，創新不必碰運氣》（天下雜誌：Clayton M. Christensen、Taddy Hall、Karen Dillon、David S. Duncan 著）

# 後記

二〇一九年的十二月，我（木田）收到日經BP的「資料科學家日本二〇二〇」演講邀約，當我正在準備講稿時，COVID-19（新型冠狀病毒）疫情瞬間蔓延至全世界，原本預計在二〇二〇年三月舉行的演講也因而順延至當年六月份。

那段時間，我們所認知的日常出現急劇變化，通勤來往公司和學校、去購物中心和百貨公司逛街、外出旅行和外出用餐等，所有的「理所當然」在那瞬間都被剝奪殆盡。原本充斥著眾多入境遊玩外國觀光人潮的觀光勝地，一瞬間消失得無影無蹤。

商業的世界也是如此，在家工作和線上會議已經成為常態，至今面對面才是理所當然的業務活動也發生了巨大變化。隨著環境的劇烈轉變，數位化的浪潮以勢不可擋的態勢席捲各個業界，身為一名商務人士，需要將技能提升至「能乘上浪頭游完全程」的程度，同時必須提高公司全體的生產性，才能在這場生存競爭中脫穎而出。

本書的作者群，以分析師的身分在ＩＴ、通信販售、顧問、廣告、零售業等各種不同產業活躍，並累積許多經驗。我們看到的是：各企業中其實存在許多非常優秀的員工，但普遍對於資料分析仍有很大的進步空間，我們認為這些企業都尚未發揮出資料與人的真正潛力。

我們針對這些陷入瓶頸的原因進行考察，想確認是單純因為「資料分析人才不足」，或只是因為「不知道分析的方法」才會卡關。經過考察後，我們心中浮現了一個假說——或許這些沒有徹底活用資料的企業中，有許多是因為沒有按照分析順序執行，或是根本沒有好好靈活運用既有的人才，才會陷入今日的侷限。

本書作者群中的木田和伊藤，原本都是「純到不行的業務人員」，他們都是自學資料分析，現在也以資料科學家的身分在職場活躍。從這些實際經驗中，我理解到「只要用對方法，即使原先不是專業領域的人也能成為資料分析師」。高階是顧問出身，而山田則是廣告業界出身，我們累積許多顧客和分析專案的相關經驗。將這四個人的經驗融合創造出一套框架，彙整出能夠跨越阻檔在前方的巨大關卡的訣竅和方法，就是我們撰寫本書的理由。

熟悉數學、演算法和統計，同時懂得運用程式設計，這幾項專長是狹義的資料科學家樣貌，但如同本書再三強調的，若是無法應用於商業上就沒有任何意義。若被問到一位非常厲害的分析師和一百位商業數據翻譯師，哪一個能夠改變社會，答案無庸置疑就是後者。

期許能夠藉由本書讓更多的企業導入資料分析，讓資料分析成為面對急速變化的世界的武器。

最後，非常感謝日經ＢＰ的松山先生，在我撰寫本書的這段期間，給予我許多寶貴的建議。日經ＢＰ大谷先生和飯野先生，提供我參與資料科學家日本二〇二〇演講的寶貴機會，還有包容我所有任性要求，允許我「要寫什麼內容都可以」的上司；總是帶給我溫暖的同事們，以及我在週末和夜晚執筆寫作時，從旁溫柔守護我的家人們，非常謝謝大家。

Pecunia 09

# 沒有數字腦，也能輕鬆解析數據

データ分析人材になる。目指すは「ビジネストランスレーター」

作　　者／木田浩理 Hiromasa Kida、伊藤豪 Takeshi Ito、
　　　　高階勇人 Yuto Takakai、山田紘史 Hirofumi Yamada

社　　長／陳純純

總 編 輯／鄭　潔

副總編輯／張愛玲

主　　編／張維君

編　　輯／李美麗

特約編輯／黃慈筑

封面設計／美果設計

內文排版／造極彩色印刷製版股份有限公司

整合行銷經理／陳彥吟

業務負責人／何學文（mail：ericho33@elitebook.tw）、
　　　　　何慶輝（mail：pollyho@elitebook.tw）

出版發行／好優文化

電　　話／02-8914-6405

傳　　真／02-2910-7127

劃撥帳號／50197591

劃撥戶名／好優文化出版有限公司

E—Mail／good@elitebook.tw

出色文化臉書／https://www.facebook.com/goodpublish

地　　址／台灣新北市新店區寶興路45巷6弄5號6樓

法律顧問／六合法律事務所 李佩昌律師

印　　製／造極彩色印刷製版股份有限公司

書　　號／PECUNIA 09

ＩＳＢＮ／978-626-95761-5-9

初版一刷／2022年05月

定　　價／新台幣450元

沒有數字腦，也能輕鬆解析數據 / 木田浩理 , 伊藤豪 , 高階勇人 ,
山田紘史作 . -- 初版 . -- 新北市 : 好優文化 , 2022.05
面；　公分
ISBN 978-626-95761-5-9(( 平裝 )

1.CST: 商業資料處理 2.CST: 資料探勘

312.74　　111002822

| | | | |
|---|---|---|---|
| 廣 | 告 | 回 | 信 |
| 板橋郵局登記證 | | | |
| 板橋廣字第891號 | | | |

免　貼　郵　票

23145

新北市新店區寶興路45巷6弄5號6樓

**好優文化出版有限公司**

讀者服務部　收

請沿線對折寄回，謝謝。

Great Publish
好優文化

請以膠帶封口

Great 好優文化

# 讀者基本資料

沒有數字腦，也能輕鬆解析數據

姓名：________________ □女 □男 年齡________________

地址：________________________________________

電話：O: ________ H: ________ 手機: ________

E-MAIL：________________________________

學歷 □國中(含以下) □高中職 □大專 □研究所以上

職業 □生產/製造 □金融/商業 □傳播/廣告 □軍警/公務員 □教育/文化 □旅遊/運輸 □醫療/保健 □仲介/服務 □學生 □自由/家管 □其他

◆ 您從何處知道此書？

□書店 □書訊 □書評 □報紙 □廣播 □電視 □網路 □廣告DM

□親友介紹 □其他

◆ 您以何種方式購買本書？

□實體書店，________________書店 □網路書店，________________書店

□其他 ________________

◆ 您的閱讀習慣(可複選)

□商業 □兩性 □親子 □文學 □心靈養生 □社會科學 □自然科學

□語言學習 □歷史 □傳記 □宗教哲學 □百科 □藝術 □休閒生活

□電腦資訊 □偶像藝人 □小說 □其他

◆ 您購買本書的原因(可複選)

□內容吸引人 □主題特別 □促銷活動 □作者名氣 □親友介紹

□書名 □封面設計 □整體包裝 □贈品

□網路介紹，網站名稱________________ □其他________________

◆ 您對本書的評價(1.非常滿意 2.滿意 3.尚可 4.待改進)

書名_____ 封面設計_____ 版面編排_____ 印刷_____ 內容_____

整體評價_____

◆ 給予我們的建議：________________________________

※凡填妥讀者基本資料並郵寄或傳真回出版社，就有機會獲得精美小禮物※

請投遞郵筒寄回或傳真至：02-2910-7127，謝謝您的支持！

t

Pecunia non olet